新型职业农民培训系列教材

长毛兔养殖管理新技术

刘 炜 章伟建 主编

U0271908

中国农业科学技术出版社

图书在版编目（CIP）数据

长毛兔养殖管理新技术 / 刘炜，章伟建主编 . —北京：中国农业科学技术出版社，2021.1

ISBN 978-7-5116-5188-4

Ⅰ.①长… Ⅱ.①刘…②章… Ⅲ.①毛用型-兔-饲养管理 Ⅳ.①S829.1

中国版本图书馆 CIP 数据核字（2021）第 024950 号

责任编辑	张国锋　徐　毅
责任校对	贾海霞

出 版 者	中国农业科学技术出版社
	北京市中关村南大街 12 号　邮编：100081
电　　话	（010）82106625（编辑室）　　（010）82109702（发行部）
	（010）82109709（读者服务部）
传　　真	（010）82106625
网　　址	http://www.castp.cn
经 销 者	各地新华书店
印 刷 者	北京地大天成文化发展有限公司
开　　本	850 mm×1 168 mm　1/32
印　　张	5.375
字　　数	150 千字
版　　次	2021 年 1 月第 1 版　2021 年 1 月第 1 次印刷
定　　价	28.00 元

前　　言

养兔曾是上海市郊区农民的主要副业之一，特别是浦东的原南汇地区，自党的十一届三中全会以后，由于当时粮食供应紧张，各级领导在"吃粮食的计划搞，少吃粮的大力搞，不吃粮的拼命搞"的思想指导下，将养兔作为畜牧业多种经营的重点项目来抓，最高峰时饲养量达 100 多万只，兔毛产量 400 多 t，年产值高达近亿元，是上海郊区农民致富的主要手段之一。同时，上海市也成了我国长毛兔养殖的主要产地之一。但是，近年来随着上海市畜牧业产业结构的调整和乡村振兴战略的推进，养兔业由于规模化、设施化程度比较低而逐渐淡出了人们的视线，仅在金山、闵行、青浦、松江、奉贤等区存在着一些以科研为主要用途的新西兰兔。

与传统的生猪、奶牛、家禽等畜牧业主产业相比，养兔产业具有草食、污染少、占地小等特点，因此，在当前上海市生猪业深受环境和疫情双重压力的窘况下，适度发展长毛兔产业的规模和饲养水平，对丰富市民菜篮子、促进郊区农民增收也是一个较好的选择。

为了进一步做好上海市畜牧行业从业人员的培育培训工作，使培训更加精准、培育更加有的放矢，上海市动物疫病预防控制中心宣教科专门组织了本市多年从事养兔研究和培训服务的相关专家和资深从业人员，结合上海市长毛兔养殖的特点和规模，编写了适合于本市长毛兔养殖管理的新型职业农民培育培训系列教材丛书——《长毛兔养殖管理新技术》。

　　本书共分 7 章，主要叙述了长毛兔养殖的起源及发展，介绍了长毛兔的习性和品系特点，结合上海市养殖场选址和布局的角度，提出了兔舍的建设和设施设备配置方面要求。根据长毛兔不同生长阶段的营养需求，对其饲养管理和操作技术提供了相应的建议和方法，对长毛兔的选种与选配、常见病防治提供了治疗原则和相关措施。另外，从产业化经营的角度，还介绍了兔毛的特性和品质规格等内容。本书与其他学术性著作的区别在于：本书更加侧重于满足新型职业农民培育培训的需求，更加侧重于促进养兔专业合作社和龙头企业农商对接、农超对接的需要，为乡村振兴战略提供畜牧业方案。

　　在本书的编写过程中，作者广泛参阅和引用了现有的论著和成果，在此谨向有关学者和同行表示由衷的感谢！本书的编写，得到了上海市奉贤区动物疫病预防控制中心、金山区动物疫病预防控制中心、上海市特种养殖业行业协会、浦东新区养兔协会等单位的大力支持，得到了上海市动物疫病预防控制中心领导和同事的支持与帮助，在此一并表示诚挚的谢意！

　　由于编者的水平有限，书中难免有不妥之处，敬请同行及读者批评指正。

编　者

2020. 10

目　　录

第一章　长毛兔养殖的起源及发展

长毛兔属食草类经济动物，主要经济价值是兔毛。长毛兔的毛具有长、松、软、白、净、美等特点，为高档天然的毛纺原料，且精纺、粗纺皆宜。兔毛制品具有蓬松、轻软、美观、通透性好、吸湿性强、保温性好等优点，深受消费者青睐。

饲养长毛兔所需要的饲料来源广泛。农作物秸秆、野草、野菜、树叶、农副产品及各种牧草等，都可以作为长毛兔的饲料来源。

我国是人多地少的国家，特别是在当今人均占有耕地面积缩小、饲料业用粮紧缺的情况下，发展以草食为主的长毛兔生产，符合国情和农业结构调整的方向，是推动农业经济发展，促进农业增效、农民增收的良好途径。

第一节　长毛兔的起源

长毛兔即安哥拉兔，起源于土耳其的安哥拉省。也有说法认为起源于英国，经远航的船员带出国，再被法国人培育而成，因其毛细长，有点像安哥拉山羊而取名为安哥拉兔。因最初体型较小，被当做玩赏用的宠物，在欧洲流行。

随着毛纺工业的不断发展，逐渐开始利用兔毛纺织高档毛织品，从而使长毛兔养殖得到迅速推广和发展。由于引进国家社会经济条件和育种手段各不相同，形成了各具特色的种群，比较著名的有英系、法系、德系和日系安哥拉兔，毛色有白色、黑色、蓝色、灰色、巧克力色和青紫蓝色等，尤以白色最为普遍。

一、国外发展概况

（一）生产现状

国外饲养长毛兔始于 18 世纪中、后期，但真正成为一项产业也只有 100 多年历史。早在 20 世纪 40 年代，白色安哥拉兔毛的年产量法国曾达 140 余 t，英国达 180 余 t，日本 210 余 t，美国 400 余 t。但是随着工业经济的快速发展，劳动力紧缺和劳动力市场的转移，这些国家的兔毛产量逐渐下降。到了 20 世纪 60 年代，一些劳动力低廉的发展中国家着手发展长毛兔生产，使安哥拉兔毛的年产量不断增长并持续稳定下来。

目前，世界兔毛年产量为 1.2 万 t 左右。我国是白色安哥拉毛的主要生产国和出口国，年产毛量为 1 万 t 左右，占世界兔毛生产量和贸易量的 90%~95%；其次是智利，年产 300~500t；阿根廷 300t 左右；捷克 150t 左右；法国 100t 左右；德国 50t 左右；其他安哥拉兔产毛国如英国、美国、日本、西班牙、比利时等国产量较少。近年来，巴西、匈牙利、波兰和朝鲜等国也在积极发展长毛兔生产。今后的兔毛生产国主要是在发展中国家。

世界上兔毛需求量较大的国家和地区有欧洲、日本和中国香港。欧洲消费地主要集中在意大利、德国、英国、法国、比利时和瑞士等。日本从 1965 年开始，已成为世界最大的兔毛进口国之一，目前已达每年 3 000~3 300t，其中，从我国进口的占 90% 左右。我国香港和澳门的毛纺工业十分发达，年出口兔、羊毛衫占世界贸易量的 1/3，每年进口兔毛 400t 左右，从日本进口兔毛纱 2 000t 左右。

长毛兔兔毛的贸易特点会出现周期性循环，一般是维持高价位时间短，低谷时间长。随着兔毛纺织技术的跟进，以及全球经济形势的变化，贸易特点随之改变，这种周期性循环可能也会出现新的变化。但不管怎样变化，这种事实上存在的动荡不定的需求状况，严重影响着兔毛的持续增产和长毛兔产业的稳定发展。

（二）生产特点

1. 饲养现代化

在比较发达的国家，长毛兔饲养呈现出较大规模的集约化现代化养殖方式。兔场采用兔舍封闭式、自动控温、自动控湿、自动喂料、自动饮水和自动清粪，不仅大幅度提高了劳动生产效率，而且不受季节影响，可以常年繁殖。如德国赛芮斯毛用种兔场，饲养母兔 300 只，种公兔 50 只，每只母兔每年可配种 8 次以上，年繁殖仔兔 30 只左右。机械化自动化的应用，大大提升了长毛兔饲养产业的生产效率。

2. 品种良种化

近年来，国外对长毛兔的选育工作极为重视，进展很快。选育的重点主要考虑产毛量和兔毛品质，而不重视体型外貌，如德系安哥拉兔的产毛量已经达到非常高的水平，年均产毛量公兔已达 1 190g，母兔已达 1 406g；最高产毛量公兔已达 1 720g，母兔已达 2 036g。法国对安哥拉兔的选育工作着重于粗毛的含量及毛纤维的长度与强度，已培育出粗毛含量达 15%以上的粗毛型长毛兔。

3. 日粮标准化

随着集约化、现代化养兔业的兴起，饲料加工出现了工厂化生产和专业化经营，日粮配合标准化、饲料形状颗粒化的发展趋势。一些国家如美国、英国、德国和法国，均制定了兔饲养标准，采用专用饲料配方，养兔场均由饲料公司供应全价颗粒饲料。颗粒饲料按照哺乳期、妊娠期、断奶期、配种期各种需求而分别配制，减少饲料浪费，提高饲料利用率，从而提高长毛兔饲养产业的经济效益。

二、国内发展概况

我国从 1924 年开始饲养长毛兔，但当时数量很少，发展缓慢，直到中华人民共和国成立后才加快了发展速度。据文献资料记载，1924 年我国首先从日本引进英系安哥拉兔，1926 年又从法国引入法系安哥拉兔，零星饲养在江浙省一带的农村，并与当地的中国白兔进行杂交。20 世纪 50 年代初期，随着兔毛外销渠道的打通，优毛优价政策的落实，提高了群众养兔和选择培育良种长毛兔的积极性。50 年代中期，在江浙省一带，出现了耳毛、头毛、脚毛都很丰盛的毛用兔种，群众称之为"狮子头全耳毛老虎爪兔"，当时年产毛 300～350g，定名为"中系安哥拉兔"。

为迅速提高我国长毛兔的产毛量，自 1978 年起，我国多次引进德系安哥拉兔，用以改良中系安哥拉兔。经过十几年的群选群育，取得非常显著的成效，在长毛兔主产区已基本实现了良种化。为了适应国际兔毛市场的要求，我国在 20 世纪 80 年代又引进了体型大、毛长、粗毛含量高的法系安哥拉兔。

几十年来，我国养兔业虽然出现过多次波动，但总的趋势还呈螺旋式上升。特别是近 30 多年来，长毛兔生产发展迅速，饲养规模扩大，技术水平提高，种兔品质优良，可以说是取得了辉煌成就。但也存在集约化现代化程度不高，需求市场价格起伏大，兔种质量参差不齐，产品开发滞后和地区发展不平衡等问题。而且，与其他养殖业一样，养兔产业同样存在观念、用地、环境、市场、劳力成本、研发和疫病等制约因素。总体来说，与养兔发达国家相比，还有一定差距。

第二节　发展长毛兔养殖的重要意义

长毛兔属于草食动物，饲养面积需求不大、节约粮食，投资少，收效快。

一、产品优良

长毛兔的主要产品是兔毛。长毛兔的毛具有长、松、白、净、美等特点，质地轻盈柔软，保暖性、通透性和吸湿性强，触感舒适，为高档天然毛纺原料之一，深受国内外服装市场欢迎。兔毛制品以其蓬松、轻软、保暖和美观等优点，不但可粗纺，而且能精纺。一般绒毛型兔毛是生产紧身毛衫等流行织品的理想原料；粗毛型兔毛是生产表面毛感性强，毛尖外露的外衣、披肩、头巾等的优质原料。

二、食草节粮

长毛兔属食草类的经济动物，日粮中的饲草含量可达40%～50%。饲养长毛兔所需的青粗饲料，来源广泛，野草、野菜、树叶、农作物秸秆和各种农业副产品等，都可作为长毛兔的饲料。在要规模养殖时，各种高产优质牧草和农副产品等，都是长毛兔的主要饲料来源。

我国是人多地少的国家，特别是在当今人均占有耕地面积缩小、饲料用粮紧缺的情况下，发展以食草为主的长毛兔生产，符合我国国情和农业结构调整的方向，可以就地利用广大农村的田间地头的自然草资源，也可充分利用小块荒芜的山、林、田地种植优质牧草来发展长毛兔产业。所以，饲养长毛兔，既能调整畜牧业的产业结构，促进我国畜牧业转型发展，又能节约饲料用粮，还能促进农民增收致富。

三、高效增收

长毛兔饲养具有投资少、周期短、见效快、饲养成本较低、繁殖力强、饲养技术易掌握等特点。在良好的饲养管理条件下，

1只母兔每年可产4胎左右，每胎产仔6~8只，能获得20~30只后代。幼兔长到6~7月龄时，又可配种繁殖。多胎高产，繁殖效率远优于其他家畜。

实践证明，长毛兔既适合规模化、工厂化饲养，也适宜于家庭个体小规模饲养；既能有效地利用自然牧草资源，又可解决地、林、牧之间的矛盾；实行农牧种养结合生态循环，既发展了长毛兔养殖，又能为种植业提供优质有机肥料。在目前其他家畜品种规模养殖投入大、用地多、废弃物处理困难的背景下，发展利用农村半劳动力开展养兔生产，无疑是农民增加收入的良好途径。

第三节　长毛兔养殖的发展趋势

我国幅员辽阔，各地环境气候不同，自然资源和生态条件差异很大，适合长毛兔饲养的条件各有不同。发展长毛兔生产应因地制宜，从实际出发。我国长毛兔生产总体上基本保持相对稳定的发展态势，随着国内外兔毛制品工艺技术的提高，毛纺企业的发展，社会需求的增加，长毛兔产业发展前景看好。

一、区域优势日趋明显

我国的长毛兔生产主要集中在山东、河南、四川、重庆、浙江、安徽、江苏等省市。其长毛兔的存栏量和兔毛的产量占全国总量的90%以上，呈现出明显的区域化现象。这种现象不但与饲养长毛兔的习惯有一定关系，而且与地理环境条件以及社会经济发展的需要有关。

二、科技含量日趋提升

与传统长毛兔产业链相比，我国在长毛兔饲养管理技术、疾病防治、种质水平、设施装备、毛纺技术等各方面都有了显著提高和较大突破，在全球的影响力也随之扩大。随着长毛兔产业的不断发展壮大，我国长毛兔产业链中的上中下游各段产业区块其科技含量必将进一步提升。

三、组织化程度日趋改善

从目前我国长毛兔生产主产区的情况来看，主产区具有自然条件优越、气候四季分明、资源丰富等自然优势，且有饲养长毛兔的社会氛围，围绕国内外市场发展需要，大多实行"龙头企业+规模兔场+标准化生产"的模式。目前，山东、江苏、河南、浙江、安徽等省，多采用家庭规模饲养，以养殖小区为经营单位，采取"公司园区+农户""公司+基地+农户""协会+基地+农户"和养殖合作社等生产模式。这些生产模式，有利于提高生产组织化程度，规范化服务，有利于新品种、新技术的推广应用，有利于信息共享，有利于长毛兔产业的推动和发展，有利于长毛兔种兔销售，有利于兔毛与市场对接，从而提高长毛兔产业的经营效益，实现共同致富的目的。为此，随着产业的发展和壮大，在长毛兔产业经营中，紧密型的组织化经营模式将继续成为发展趋势。

四、品种结构日趋优化

产品必然要随市场需求发展。我国养兔业发展初期，饲养品种单一，随着国内外市场需求的变化，各种适应市场需求的种兔产业也随之形成，品种资源更趋丰富，种质水平也不断提高，生产水平不断提升。我国先后从国外引进和选育了一批优良长毛兔品种，主要有德系安哥拉兔、法系安哥拉兔、英系安哥拉兔、日系安哥拉兔等，国内也先后育成了一些性能优良的新品种（系）或高产群，如浙系长毛兔、皖系长毛兔、苏Ⅰ系粗毛型长毛兔，等等。今后的长毛兔品种结构，随市场需求的发展，将紧跟市场，日趋优化，出现新的高潮。

五、成果转化率日趋提高

长毛兔的产品主要是兔毛，兔毛制品是一种穿戴用消费品，所以，其科学研究和成果比其他食用畜禽相对较少。而近几十年来，由于各级政府及有关部门的重视和支持，大专院校、科研单位等的密切配合，与长毛兔饲养有关的科研和技术书籍、著作出版，技术推广等各方面也做了大量工作，特别是在长毛兔的营养需要、日粮配合、选种选配、兔病防治等方面，结合生产实际，开展了一系列科学研究，取得了不少成果。这些新成果受到各级相关部门和养殖户的重视，积极推广应用，取得了良好的经济效益和社会效益。长毛兔产业科研成果转化率日趋提高，科研成果能及时推广应用，必将成为一种发展趋势。

六、生态循环日趋形成

我国耕地资源有限，但草山草坡草地较多，农副产品资源丰富，发展长毛兔生产可加以充分利用饲草、饲料和农副产品资源。据估计，每饲养 1 000 只长毛兔，年需消耗青干草和农作物秸秆 30t 左右。通过发展长毛兔生产，可明显提高各类秸秆饲草的利用率，解决各类农作物秸秆的出路问题，减少秸秆焚烧污染环境。另外，利用荒山、坡地、滩涂和田头等种植牧草，有利于改善自然生态环境和农业产业结构调整，解决人、畜争粮问题；兔粪及兔场沼液可作为种植业有机肥料，改良土壤，提高土壤肥力，促进水稻、小麦等粮食和蔬菜、水果的绿色生产，提升农产品品质，形成良性的生态循环体系。

第二章 长毛兔的特性与选种

第一节 长毛兔的特性

一、行为习性

1. 标记行为

自然界中的野兔多以打洞穴居生活，其伙伴及后代在其颌下毛囊中形成的腺体帮助下，标记其活动范围。公兔远离穴时，则以尿味留下其标记。在人工饲养条件下长毛兔在更换笼舍时，一般先以嗅觉检测新环境。公兔被放入母兔笼舍后，一般先会四处嗅闻，用嗅觉标记新环境；若将发情母兔放入公兔笼中，则彼此很快就会产生性反应。所以，采用公母兔自然配种时，将发情母兔放入公兔笼中，比公兔放入母兔笼中容易配种受胎，且受胎率高，产仔数多。

2. 拉毛做窝

母兔的临产症状与其他家畜大有不同。临产时母兔除表现食欲减退、啃咬笼壁、拱翻饲槽外，还有拉毛做窝行为。据生产实践观察，多数妊娠母兔在临产前2~3天开始拉毛做窝，特别是经产母兔，做窝时会将胸部绒毛拉下铺垫在窝内，临产前3~5小时大量拉毛。拉毛与母兔的护仔性和泌乳力有着直接关系。做窝早、拉毛多的母兔，其护仔性、泌乳力均较强。

据观察，一般经产母兔都有较强的拉毛做窝行为，部分不拉毛做窝的初产母兔，临产前最好进行人工辅助拉毛，用手拉下临产母兔胸部乳房周围的一部分长毛，铺垫于产仔箱中，以提高初产母兔的护仔性和泌乳力。

3. 同性好斗

同性公兔、部分母兔相遇或群养时，均会表现出同性好斗行为。特别是公兔，一旦相遇，若双方力量相当时，就会发生激烈争斗，咬得头破血流，尤其是要害部位，如睾丸、头部、大腿等部位会受到严重的攻击伤害。

长毛兔的同性好斗行为可能与其祖先的长期穴居有关，养成了独立生活的习惯。因此，饲养种兔特别是种公兔和妊娠、哺乳母兔时，必须采用单笼饲养，尽量避免同性两兔相遇，以免发生争斗伤害。

二、生活习性

1. 昼静夜动

长毛兔在人工饲养条件下，日间多静伏笼中，闭目养神，夜间则十分活跃，频繁采食和饮水。据测定，长毛兔夜间采食的饲料和饮水约占全部日粮和饮水量的60%。

长毛兔的夜动和夜食习性是长期自然选择的结果。根据昼静夜动的生活习性，一个长毛兔养殖场在日常饲养管理中，必须要制订适合长毛兔生活习性的日常管理制度，要求饲养员严格按照日常操作规程和制度执行到位，夜间要添足饲料和饮水，尤其是炎热的夏季更为重要，更要注重夜饲管理。

2. 胆小怕惊

长毛兔属体小力弱动物，缺乏抵御敌害的能力，具有胆小怕惊的特性。遇有突如其来的刺激，听到有异常声音，或竖耳静听，或惊慌失措，或乱蹦乱跳，甚至引起食欲缺乏，母兔流产、咬伤或残食仔兔，极易造成不良应激。

在日常饲养管理过程中，保持兔舍和环境的安静是非常重要的管理措施。在日常管理中动作要轻、要稳，尽量避免各种噪声，防止狗、猫等兽类进入兔舍惊扰。

3. 喜干爱洁

长毛兔喜欢干燥、清洁的环境，厌恶潮湿、污秽的生活环境，兔舍内最适宜的空气相对湿度为60%~65%。据观察，成年长毛兔的排粪、排尿都有固定的地方，且常用舌头舔舐自己的前肢和其他部位的被毛，清除身上的污垢。

长毛兔喜干厌湿习性是一种适应环境的本能，因为潮湿的环境容易感染各种疾病。所以，在日常管理中应经常保持笼舍的干燥、清洁和卫生。

4. 怕热耐寒

长毛兔被毛浓密，汗腺又极不发达，这就是它怕热的主要原因。虽然浓密的被毛使长毛兔具有较强的抗寒能力，但低温对仔兔和幼兔仍会产生不良影响。据试验，饲养长毛兔的最适温度是15~25℃。长期高温不仅会影响长毛兔的生长发育和繁殖性能，而且常会引起中暑死亡，诱发其他疾病。所以，在饲养管理上一定要安排好夏季防暑和冬季保温工作。

5. 喜啃硬物

长毛兔喜啃硬物的习性，与鼠类相似，通常称为啮齿行为。长毛兔的第一对门齿为恒齿，出生时就有且不断生长，必须通过啃咬硬物使其磨平，以保持上下颌齿面的吻合。长毛兔的这种习性常常造成笼具及设备的损坏。为避免造成不必要的损失，最好定期向兔笼内投放一些树枝或硬草，任其自由啃咬、磨牙，以减少对笼具的损坏。

三、采食习性

1. 食草性

兔的口腔特点和具有容积较大的肠胃以及发达的盲肠，这些生理特性决定了兔子的食草的习性。兔子对给予的饲料十分挑剔，多叶性饲草、多汁饲料及颗粒性饲料适口性较强。因此，长毛兔在饲养管理中，饲料应以草料为主，精料为辅。据试验，只供给颗粒饲料反而养不好长毛兔，一般青粗饲料应占全部日粮的50%~70%。长毛兔采食青粗饲料的数量，体重 3.5~4kg 的成年兔，每天应供给青粗饲料 700~800g，精饲料 100~150g。

2. 食粪性

兔子会采食自己的部分粪便，该特性属于其本身重要的生理现象，与其他动物短缺营养元素的食粪癖有本质不同。通常兔子排出的粪便分为 2 种，一种是平时在兔舍里看到的硬粪（粒状），约占到日总排粪量的八成左右；另一种是平时不易见到的软粪（团状），多在夜间排出，约占到日总排粪量的二成左右，一经排出便被兔子从肛门处直接吃掉，所以，不容易被人察觉。这种食粪行为具有咀嚼动作（容易被人们误为"反刍"），而且发生在静坐休息期间。食粪这一特性可以作为判断长毛兔健康与否的标志，如果早上清理兔粪时发现承粪板上有软粪，则证明该兔有疾病发生。

3. 扒食性

在野生条件下，兔凭借自己发达的嗅觉和味觉，对众多的野草和食物具有一定的选择性。在家养条件下，一切饲料靠人工配制提供，它们失去了自由选择饲料的权利，往往造成家兔挑食。通常用前爪在饲槽里扒来扒去，将饲料扒出槽外，甚至会掀翻食槽。在饲料配制时，应做到原料的多样化，并将饲料充分拌匀，控制好饲料质量。喂料时要做到"少喂勤添，先粗后精，定时定量"，一次不能添食太多，以免造成浪费。不要喂得过饱，让长毛兔始终保持旺盛的食欲。

第二节　长毛兔的选种

一、长毛兔各品系特点

安哥拉兔是目前唯一的商用毛用型兔品种，我国称长毛兔。安哥拉兔被各国引进后，根据不同的社会经济条件培育出若干品质不同、特性各异的安哥拉兔。比较著名的有英系、法系、日系、德系和中系安哥拉兔等。

（一）英系安哥拉兔

该兔产于英国，我国早在 20 世纪 20—30 年代开始引进饲养，曾对我国长毛兔的选育工作起到积极作用。

1. 外貌特征

英系安哥拉兔全身被毛白色、蓬松、丝状绒毛，形似雪球，毛质细软。头型偏圆，额毛、颊毛丰满，耳短厚，耳尖绒毛密厚，有的整个耳背均有长毛。四肢及趾间脚毛丰盛。背毛自然分开，向两侧披下。

2. 生产性能

英系安哥拉兔体型紧凑显小，成年体重 2.5~3.0kg，重的达 3.5~4.0kg，体长 42~45cm，胸围 30~33cm；年产毛量公兔为 200~300g，母兔为 300~350g，高的可达 400~500g；被毛密度为每平方厘米 12 000~13 000 根，粗毛含量为 1%~3%，细毛细度 1.3~11.8μm，毛长 6.1~6.5cm。繁殖力较强，年繁殖 4~5 胎，平均每胎产仔 5~6 只，最高可达 13~15 只，配种受胎率为 61%。

由于该兔体型小、产毛量低，体质弱、抗病力差，目前已很少饲养。

（二）法系安哥拉兔

法系安哥拉兔原产法国，是当前世界著名的粗毛型长毛兔。

我国早在 20 世纪 80 年代开始引进饲养。

1. 外貌特征

法系安哥拉兔全身被白色长毛，粗毛含量较高。额部、颊部及四肢下部均为短毛，耳宽长而厚，耳尖无长毛或有一撮短毛，耳背密生短毛，俗称"光板"。被毛密度差，毛质较粗硬，头型稍尖。新法系安哥拉兔体型较大，体质健壮，面部稍长，耳长而薄，脚毛较少，胸部和背部发育良好，四肢强壮，姿势端正。

2. 生产性能

法系安哥拉兔体型较大，成年体重 3.5～4.6kg，最重可达 5.5kg，体长 43～46cm，胸围 35～37cm。年产毛量公兔为 900g，母兔为 1 200g，最高可达 1 300～1 400g；被毛密度为每平方厘米 13 000～14 000 根，粗毛含量 13%～20%，细毛细度为 14.9～15.7μm，毛长 5.8～6.3cm。年繁殖 4～5 胎，每胎产仔 6～8 只，配种受胎率为 58%。

该品系长毛兔兔毛较粗，粗毛含量高，适于纺线和作为粗纺原料；适应性较强，耐粗饲性好，繁殖力较高，并适于以拔毛方式采毛。

（三）德系安哥拉兔

该兔原产于德国，是目前世界上最普遍、产毛量最高的一个品系。我国自 1978 年开始引进饲养。

1. 外貌特征

德系安哥拉兔全身被白色厚密绒毛。被毛有毛丛结构，不易缠结，有明显波浪形弯曲。面部绒毛不甚一致，有的无长毛，亦有额毛、颊毛丰盛者，但大部耳背均无长毛，仅有耳尖有一撮长毛，俗称"一撮毛"。四肢、腹部密生绒毛，体毛细长柔软，排列整齐。四肢强健，胸部和背部发育良好，背线平直，头型偏尖削。

2. 生产性能

德系安哥拉兔体型较大，成年体重 3.5~5.2kg，最重可达5.7kg，体长 45~50cm，胸围 30~35cm。年产毛量公兔为 1 190g，母兔为 1 406g，最高可达 1 700~2 000g，被毛密度为每平方厘米16 000~18 000 根，粗毛含量 5.4%~6.1%，细毛细度 12.9~13.2μm，毛长 5.5~5.9cm。年繁殖 3~4 胎，每胎产仔 6~7 只，最高可达 11~12 只，配种受胎率为 53.6%。

德系兔的主要优点是产毛量高，被毛密度大，细长柔软，有毛丛结构，排列整齐，不易缠结。

（四）日系安哥拉兔

日系安哥拉兔原产于日本，中国自 1979 年开始引进饲养，主要分布在江苏、浙江及辽宁等省。

1. 外貌特征

日系安哥拉兔全身被白色浓密长毛，粗毛含量较少，不易缠结。额部、颊部、两耳外侧及耳尖部均有长毛，额毛有明显分界线，呈"刘海状"。耳长中等、直立，头型偏宽而短。四肢强壮，姿势端正，胸部和背部发育良好。

2. 生产性能

日系兔体型较小，成年体重 3~4kg，重者可达 4.5~5kg，体长 40~45cm，胸围 30~33cm；年产毛量公兔为 500~600g，母兔为 700~800g，高者可达 1 000~1 200g；被毛密度为每平方厘米12 000~15 000 根，粗毛含量 5%~10%，细毛细度 12.8~13.3μm，毛长 5.1~5.3cm。年繁殖 3~4 胎，平均每胎产仔 8~9只；平均奶头 4~5 对；配种受胎率为 62.1%。

日系兔的主要优点是适应性强，耐粗饲性好。繁殖力强，母性好，泌乳性能高。仔兔成活率高，生长发育正常。

（五）中系安哥拉兔

该兔主要饲养于上海、江苏、浙江等省市，系引进法系安哥拉兔互相杂交，并导入中国白兔血液，经长期选育而成。1959年正式通过鉴定，命名为中系安哥拉兔。

1. 外貌特征

中系兔的主要特征是全耳毛，狮子头，老虎爪。耳长中等，整个耳背和耳尖均密生细长绒毛，飘出耳外，俗称"全耳毛"。头宽而短，额毛、颊毛异常丰盛，从侧面看，往往看不到眼睛，从正面看，也只是绒球一团，形似"狮子头"。脚毛丰盛，趾间及脚底均密生绒毛，形成"老虎爪"。骨骼细致，皮肤稍厚，体型清秀。

2. 生产性能

该兔体型较小，成年体重 2.5～30kg，大的达 3.5～4kg，体长 40～44cm，胸围 29～33cm；年均产毛量公兔为 200～250g，母兔为 300～350g；被毛密度为每平方厘米 11 000～13 000 根，粗毛含量为 1%～3%，毛纤维较细，毛质均匀；繁殖力较强，每胎产仔 7～8 只，高的可达 11～12 只；配种受胎率为 65.7%。

该兔母性好，仔兔成活率较高，适应性强，较耐粗饲。但体型小，生长慢，产毛量低，被毛易缠结成块。体质较弱，抗病力较差。

（六）唐行长毛兔

上海市嘉定县唐行种兔场从 1981 年开始以本地安哥拉兔做母本，德系安哥拉兔做父本，经过级进杂交与横交固定，到 1986 年底年选育出遗传性能稳定，生产性能优良的种群，1986 年 5 月通过品系鉴定，名为唐行长毛兔。

该兔分 A 型（一撮毛型）和 B 型（半耳毛型）两种。A 型兔头面较长，耳宽大，耳毛短少，耳尖有簇毛，额部有毛飘出。体躯长，四肢毛长；B 型兔头形略圆，耳边、耳背有绒毛，额、脸部也有绒毛。体型大，四肢绒毛丰满。成年体重公兔 4.5kg，母兔 4.6kg。被毛中含粗毛较多，粗毛率公兔 11.62%，母兔

13.12%，故不易缠结。松毛率达95%。以90天产毛量乘以4估计，平均年产毛量公兔981.1g，母兔1 045.16g。繁殖性能好，窝均产仔7.3只。

二、选种和选配

选种是根据我们对长毛兔中挑选品质比较好的、产毛高的，外貌特征符合要求的留作种用。同时，把那些不符合要求的，或者比较差的长毛兔剔出来，加以淘汰。有目的地弃劣取优，来正确地挑选公兔和母兔使之交配繁殖，以获得较好的后代。选种和选配两者是不可分割的，离开或忽视了任何一方都将不能达到繁育优良后代的目的。通过选配有意识地控制繁殖，逐代改良品质。在选种和选配的同时，还要着重注意改善饲养管理条件，否则，也不可能得到显著的效果。

(一) 选种方法

1. 血统选择 (系谱鉴定)

在选种时，不仅要考虑种兔本身的产毛性能，而且要对它的祖先 (父母代、祖代)，旁系血亲 (叔侄、表亲) 和后裔 (所生子代) 的生产性能等方面进行考察，根据多方面的记录去确定品质和留种。选择时一般考察2~3代的生产性能，但以父母代为主，因为遗传影响大。血统选择最适用于幼兔，引进的幼兔本身还没有生产数据可供参考，就应该以它祖代的性能数据作为参考依据。

2. 年龄选择

兔的寿命一般在10~15年，但利用年限只在1~5年。种兔的最佳育龄期在1~3年，该期间种兔在体质上、生理上都已达到完全成熟，因此，对后代的遗传性方面比较稳定。种兔年龄过大，超过5年以上的体质、产毛、产仔、受精力等都表现衰退，对后代的品质会带来不利，不宜留作种用。

3. 后裔选择

长毛兔的繁殖周期较短，一般2年可相继3代，这对后裔鉴定较其他大型家畜来说要方便得多。后裔鉴定：一是与父母代相比；二是同代相比；三是与群体比较，经过世代相继的精心选择，去劣存优，不断进行品种改良、培育，就有可能获得较好的子代。

4. 个体选择

长毛兔各品系之间的个体素质存在差异，可利用个体上的差异来挑选其中优良个体留作种用，淘汰劣质个体，从而使后代得到提高，在系谱资料缺失的情况下，个体选择就显得尤为重要。个体选择特别要重视公兔的品质，因为公兔在改进兔群方面起主导作用。在养兔业上有句俗语，"公兔好好一群，母兔好好一窝"，就是这个道理。所以，对种公兔的选择应该比母兔要严格一些，母兔对子代的个体品质也具有一半影响，对母兔的选择也不能忽视。

（二）外貌鉴定

对长毛兔的外貌鉴定是用观察和用手触摸的方法来进行的。首先考虑的是产毛性能（毛的密度与长度），再观察它的整体，对各个部位的协调性与品种类型的体表程度如何，还要注意的是性别及年龄上的不同，季节上的区分与环境因素、饲养管理条件等的差异，其各部位的发育结构上也有所不一致。在进行触摸时，要求整体毛丛结构厚实浓密，手压富有弹性，枪毛不宜过长、过多，分布适中，毛质中粗白亮，竖立不倒伏。腹毛、背毛长，密度相差不多，尤其要求腹毛稠密，四肢都有绒毛，远看毛丛呈瓣片状，略带奶黄色，近看纯白色，有不规则波浪形起伏。

在外貌鉴定时还应考虑到各品系间的特征性，其外表上也有所不同。例如，光面兔的额毛、颊毛、耳毛比毛面兔少、四肢绒毛不密，耳型小而耳尖丛生一撮毛的居多数，躯体长而窄，头部整个轮廓偏小于毛面兔等，但其缺点夏季易秃毛。毛面兔的头部除了眼眶四周和鼻梁上不生长毛外，额毛、颊毛都较浓密，两耳背前侧生有长毛有弯曲度，枪毛少，毛质较细，四肢密生绒毛，管理不当易缠结。

外貌也可以反映长毛兔的生长发育、健康状况。我们通常用目测来鉴定，例如，头部与躯体要相称，如头过大笨重，行动不灵敏，体质欠佳，过小易惊，躯体相应也小；双耳直立，大小适中有力，转向灵活，如有一耳或双耳下垂，体质不够健康。眼睛大而明亮、有神，虹膜粉红色，瞳孔深红色，透明度高。鼻梁端正无长毛，上下门齿咬合紧凑，整个躯体长而深又阔，从颈至臀部成一有机的弧线。德国长毛兔一般都有肉髯，母兔大于公兔，肉髯上毛丛密度较高；特别大型品系，肉髯更为突出。在外貌鉴定高要求上看品系有其基本特征，从而观察遗传性是否稳定。

另外，公兔比母兔活泼有力，体质结实，头阔而短，睾丸发达对称。母兔则较温柔，腹部容积大而不松，皮肤厚而柔软，乳头有四对以上等。应用外貌观察、手摸等鉴定方法，虽然能得到比较可靠的结果，但鉴定人员必须具有丰富的实践经验。

（三）提纯复壮及选配方法

品种引进几年后常会出现退化，因此，需要开展种兔提纯复壮工作。在生产中，要注意利用纯种生产，品种不纯，它的遗传性就不稳定，后代容易产生性状分离，导致退化。

1. 提纯复壮方法

坚持做初选、复选、系谱鉴定，不遗漏一个环节。初选在苗兔出生时开始，将不符合要求的剔出，例如，出生重不满60g的、有缺陷的幼兔。复选在断奶时进行，把那些体质虚弱的，月重不满0.65kg的，外表有缺陷的，已患过病的幼兔淘汰掉。第二次复选在第二次剪毛时进行（一般在5月龄左右），例如，产毛不到120g的（根据季节性的不同与饲养管理上的好坏，鉴定时酌情评定)、体重 2.5kg 以下的、患过病的幼兔剔除。系谱鉴定参照种兔系谱记录综合分析。

2. 重视选配

选配通常采用同质选配或异质选配。首先要挑选优良的亲代兔(父母代),父母对遗传影响各占一半。代数越远,遗传影响越小。要根据自己的标准要求选择。例如,一次产毛量能达 0.25kg 以上,体重不低于 4kg,无生理缺陷,抗病力强,健壮,体躯匀称,然后根据不同性状和要求,进行分别选配。同时,还应该注重引种、选育结合,驯化品种和合理饲养管理等工作。

3. 同质选配(同种同系交配)

挑选品质上类似、外表上一致的公母兔使之交配繁殖。这样可使双亲的优良品质在下代中保存下来,得到加强和巩固,它还能增加优良品质的遗传稳定性,公母兔的品质越相似,则越能将此品质遗传给后代,目的是在于获得与亲代类似的后代。

4. 异质选配

与同质选配相反,是挑选在外形上不相同的公母兔进行交配繁殖。目的在于将公母兔不同优良品质融合在一起,繁殖出优良后代。例如,用德系长毛兔配本地母兔,将品质较差的母兔用优良公兔交配来改良后代的品质。

5. 亲缘选配

用有血缘关系的公母兔进行交配,这样种源可以在自己兔群中挑选。一般来说,亲缘交配可以固定优良性状,但必须注意避免长期近亲繁殖。近亲繁殖在短期内使用,可提高品种的纯合性和遗传稳定性。通常 5 代以内为近亲,5 代以外为远亲。

6. 选配要求

选配的目的是要求得到好的后代,能使其逐代提高产毛量。因而在选种选配时,首先考虑的是亲本的产毛性能,再考虑它的体质外貌等。在进行选配时,还要注意几个问题。种公兔的要求是产毛量比母兔高一点。因公兔一般平均产毛比母兔低，在选择公兔的时候，公兔的产毛量尽可能挑选能达到所配优良母兔的产毛平均值。例如，1只公兔能配10只母兔，而这10只母兔的每次产毛量平均每只是200g，那么这头公兔的产毛量应该在200g以上。如果公兔的品质不高，就会降低兔群的品质，更要避免有缺陷的公母兔进行交配，因为有些缺陷是遗传性的。另外，还需注意公母兔交配的年龄，青年母兔（1年左右）与老年母兔（3年以上）应和壮年公兔交配（1.5~2.5年），最好是壮年母兔配壮年公兔，这样繁殖的后代其生活力与生产力将会得到发展。

（四）配种繁殖

1. 性成熟与适配月龄

性成熟一般母兔在4月龄左右，公兔稍晚，在5月龄左右。但性成熟的早晚与饲养管理、营养、季节、气温而有差异。虽然已达性成熟而能交配繁殖，但体质未达到完全成熟，如即进行交配繁殖，这就会严重影响公母兔的生长发育，而且生下的仔兔先天不足，体质也弱小，母兔泌乳也少，成活率低，成年后品质也会降低。但过晚配种，也会严重降低兔子的繁殖性能，甚至会失去配种能力，只有当兔子达到体成熟时才交配繁殖为适宜。一般都以体成熟为配种标准。

2. 性周期与性表现

母兔没有规律性的发情周期，可以用探情公兔诱情，又可用信息发情，就是用公母兔交换兔笼饲养6小时左右。每天1次，连续2~3天便可发情。发情持续期亦无明显界限，若无明显性征时，人工强制交配也可受胎，个别母兔发情时有食欲减退，情绪不安，用手抚摸有举尾抬腿迎合表现，另外，可翻看阴部来判断。外阴潮红、苍白都不易配种，深红而肿大（呈小红枣样），极易交配，受胎率、产仔率相应也提高。

3. 气候对繁殖的关系

长毛兔不适应炎热的环境，尤其公兔的性机能有明显的季节性变化，主要表现在睾丸的缩小，精子少而活力不强，性欲减退，8月上旬至9月中旬最为显著，公母兔虽能进行交配，但往往受胎不易，一般以7月下旬至8月上旬开始秋繁配种为佳，但此时正值炎夏时节，故配种应在22:00以后或4:00之前为好，同时，要特别加强对公兔的饲养管理，注意降低兔舍的气温，有条件的可添置降温设备。如温度适宜，长毛兔一年四季都可繁殖，一般从10月至翌年7月，受胎率较高，8—9月受胎率最低。长毛兔怀孕期以31天为多数，少数30天、32天产仔的也都能存活，28~29天产仔的多数不成话，怀孕期的长短与产仔数的多少相关，仔数多怀孕期短，仔数少怀孕期长，如怀单仔，妊娠期甚至超过33天以上，仔兔成活力较低，且多数为死仔。因此，如遇怀孕母兔妊娠期达32天，可注射催产素助产。

4. 配种方法

可分为自然交配、人工辅助交配和人工授精3种方法。

（1）自然交配。发现母兔有发情性征时，将母兔轻轻地放进公兔笼内，公母兔即会相互嗅闻。如若母兔正值发情旺期，母兔也会主动爬跨公兔，双方追逐一下后，公兔即会很快爬跨母兔，进行交配，母兔会自愿撑起后趾，举尾迎合。当公兔交配成功而发出咕咕叫声（个别公兔不发叫声），卷缩倒向一侧，则已射精，交配完成。

（2）人工辅助交配。如遇母兔虽有发情性征，但不肯接受公兔交配的可人工辅助交配。方法用细绳子拴住母兔尾巴，从母兔的背上牵至颈部，左手抓住绳子与两耳颈皮，把绳子向母兔前方稍微拉紧，使尾巴不覆盖阴部，便于交配，同时，右手伸至母兔腹后两后趾之间，轻轻托起后躯，右手食指与中指轻把母兔阴部向下前方拉分，老练的公兔即会进行爬跨交配。人工辅助交配避免了公母兔的追逐，大大减轻公兔的体力消耗，省时、省力、简便易行、成功率高，为广大养兔户乐于应用。

（五）人工授精

把公兔的精液用人工方法采集，再经过稀释处理，然后用输精管直接把精液输入母兔阴道内，使母兔受胎，称为人工授精。人工授精可以扩大优良公兔的利用率，自然交配一般 1 只公兔只能负担 10 只左右母兔的配种任务，而利用人工授精，1 只公兔可配种上百只母兔，甚至更多，可减少种公兔的饲养量。公兔的产毛量较母兔低，同样养 2 只长毛兔，母兔的经济效益较高，人工授精既可加速兔群的改良，又可以尽量利用优良公兔来进行繁殖，使品质很快提高，缩短世代间隔。因公母兔不直接进行交配，可以防止生殖疾病传播，也可以不饲养公兔，通过购买精液解决母兔配种。

1. 采精方法

一般都用假阴道采精，它的结构是外壳（羊用假阴道）、内胎、外胎（人用避孕套），气门与集精杯，经改装的假阴道长度与公兔阴茎长度差不多，然后把避孕套剪去一段小端，把两端外翻套在外壳口上，用橡皮圈固定，不使其漏气漏水，然后酒精棉消毒，待干燥后，再装集精杯，然后从气门用漏斗灌下 43～44℃ 的温水，把塞子塞紧，不使外泄。如外界气温较低的话，可略高 1～2℃，灌水不能太满，要留有一定空间，然后用双链球打气，待内胎充气向外壳二端突出 1cm，中央阴道入口处呈"Y"字形（压力过大内胎易脱落，太小则公兔不射精），在"Y"字形中间涂上少量液状石腊，以利公兔阴茎插入。再测一下中央温度，以 42℃ 为宜，过高过低都会影响精子的品质与公兔的性反射。

集精杯一般用羊用集精杯，呈双层结构，外壳是存温水的玻璃瓶，内层为能容纳 2～4mL 精液的小玻璃管，两层之间灌 35℃ 温水，夏季可不用，使精子不受外界温度的影响。输精管可用医

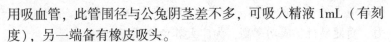

用吸血管，此管围径与公兔阴茎差不多，可吸入精液 1mL（有刻度），另一端备有橡皮吸头。

2. 精液检查

公兔精液品质的好坏，影响受胎率，1 只公兔受环境与饲养管理上的变化，其精液的品质也有所区别，因此，对采集后的精液品质，必须每次检查，以保证母兔的受胎率。精子活力越强，密度越高，其品质越好。

用洁净玻璃棒蘸精液，滴于玻璃片上放显微镜下放大 250~400 倍检查，精液应注意保温，见精子呈直线摆动比例大于70%，密度在显微镜整个视野充满精子，空隙很小，精液即可稀释应用。如见精子活力不强，只有少数精子摆动，视野中见到很少精子，有的甚至看不到精子，这些精液都不可做输精用。

3. 精液稀释

经显微镜检查过合格的精液，可根据精液的多少与密度、活力来稀释倍数，通常以 5~10 倍，稀释液与精液两者的温度力求等温，范围在 33℃ 左右为适宜，稀释液倒入精液时，必须缓慢地从集精杯边沿倒下，不可直接冲下去。反复几次，以使均匀。经稀释好的精液，即可输精应用，根据授精母兔的多少，稀释的倍数可酌量增减，最多不超过 10 只（每只 1mL）。

兔的精子稀释液配方：蒸馏水 100mL、碳酸钙 0.1g、无水葡萄糖 4.0g、卵黄 20mL、链霉素 0.1g。配制方法，将蒸馏水、无水葡萄糖与碳酸钙混合煮沸，等冷却后再加入卵黄和链霉素充分混合即成。

4. 输精

自养母兔可先用调情公兔爬跨母兔探情，使母兔激发性欲，从而刺激排卵，再输精，效果较好。

外来配种母兔因受捕捉、运输等因素，趋于惊恐状态之下，往往性征不明显，可静止一段时间再输精。或使用孕激素注射促使排卵，通常用人绒毛膜促性腺激素，肌内注射每只 100 单位，静注每只 20 单位即可，最好注射激素后过 2 小时再输精，效果较好。

将经过消毒后的输精管从 35℃ 水浴箱内取出，吸取精液 1mL，管外用 35℃ 左右的生理盐水冲洗一下，即可输精。

输精方法：先把母兔的阴部长毛剪光，用清水擦洗干净，由助手将母兔呈仰卧式固定，把输精管徐徐插入阴道，要耐心，方向略稍向兔背面，如遇有阻力，则方位不正，需抽出再行插入，切不可粗暴用力。待输精管插入深 7~8cm 时可慢慢捏紧橡皮头，输入精液，抽出输精管后，在母兔阴部轻轻按摩几下，可增加母兔快感，使阴道收缩，避免精液流出，输精即完成。输精管每次只用 1 只母兔输精，必须经过消毒后再用或者使用一次性输精管。

第三章　长毛兔的饲料与营养需求

长毛兔生长快，繁殖力强，被毛茂密，体内代谢旺盛，对饲料营养要求高。只有了解了长毛兔的消化特性，掌握不同生产阶段的营养需求，认识饲料的种类、营养成分、各自特点及加工方法，合理进行饲喂，才能获得满意的效果，从而实现经济价值。

第一节　长毛兔的消化特性

一、消化系统的解剖特点

1. 口腔

上唇中央有一条纵裂，形成三瓣形的豁唇，门齿裸露，便于采食矮小的植物及地面上的籽实。

另外，口腔中有 4 对唾液腺（耳下腺、颌下腺、舌下腺、眶下腺），其分泌的唾液量多，可协助口腔咀嚼、湿润和吞咽食物并进行初步消化。

2. 盲肠

家兔的盲肠极为发达，长度与体长相等，容积约为消化道容积的 42%，其功能类似于反刍动物的瘤胃，含有大量的微生物和原虫，可消化饲料中的粗纤维等。

3. 圆小囊

在回肠和盲肠连接处有一个长径约 3cm、短径约为 2cm 膨大中空的圆形球囊。它有许多功能，主要是机械地压榨和消化吸收食物，分泌碱性溶液，中和微生物发酵所产生的有机酸，维持肠道的酸碱度，有助于粗纤维的消化吸收等。

4. 消化道

与牛、羊等其他草食家畜的消化道相比，家兔的消化道较短，仅为体长的 10 倍左右（牛和羊的消化道分别为其体长的 20 倍、24 倍），食物在消化道内停留的时间比较短，排空快。

二、消化特点

1. 对粗纤维的消化

家兔依靠其盲肠中的微生物对粗纤维具有一定的消化率，适量的粗纤维可保持食物正常稠度，控制其通过消化道的时间，有助于食物与消化液混合形成硬粪。

2. 对蛋白质的消化

家兔对青粗蛋白饲料中的蛋白质有较高的消化率。以苜蓿为例，猪对其中蛋白质消化率不足 50%，而兔接近 75%；又如，全株玉米颗粒饲料，对其中蛋白质消化率，马为 53%，而兔为 80.2%。

3. 对钙、磷的利用

对日粮中钙、磷比例，家兔不像其他家畜、家禽要求那么严格（2:1），即使比例高达 12:1，仍能保持骨骼灰分的正常。日粮中钙的含量升高，则血钙也随之升高，尿钙也增高，可排出过量的钙。日粮中磷的含量不宜过高，磷含量过高将影响适口性，降低采食量。

另据测定，日粮中维生素 D 的含量宜低于 1 250~3 250 国际单位，否则，将会引起家兔的肾脏、心脏、血管、胃壁钙化，影响其生长发育。

第二节 长毛兔的营养需求

一、水的需求

水是生命之源，是长毛兔最重要的营养需求，其体内营养物质的运输、消化、吸收和粪便的排出，都需要水。长毛兔的体温调节和机体新陈代谢更离不开水的参与，在缺水情况下，常会引起食欲减退、消化机能紊乱，甚至死亡。

长毛兔的需水量与年龄、季节、生理状态及日粮的组成等因素有关。幼兔处于生长发育旺盛期，需水量高于成年兔；妊娠母兔需水量增加，在分娩时更感口渴，如缺水易发生残食仔兔现象；哺乳母兔要分泌大量乳汁，乳汁的含水量约占70%，因而一般哺乳期母兔每天需水量为550~620mL。夏季需水量增加，喂水不可间断，而冬季饮水量可适当减少。饲喂颗粒饲料时需水量增加，每采食100g饲料需要饮水200mL。每天所供应的水必须清洁，所以，建议安装自动饮水器，供长毛兔随时饮水。

二、碳水化合物的需求

碳水化合物是供给能量的主要来源，是维持体温和机体生命活动的基本能源，又是哺乳母兔合成乳糖与乳脂的重要原料。碳水化合物可分为无氮浸出物和粗纤维两大类。

1. 无氮浸出物

无氮浸出物指可溶性碳水化合物，包括淀粉和各种糖类，在消化过程中易于分解吸收利用。长毛兔对碳水化合物的消化吸收率是：籽实饲料为75%~85%，糠麸类饲料为70%，青饲料和根茎类饲料为85%~95%，干草类为40%~60%。

2. 粗纤维

粗纤维是指植物细胞壁的主要成分，包括纤维素、半纤维素和镶嵌物质（木质素、角质和硅酸盐等）。纤维素和半纤维素在动物体内经微生物发酵后，分解成为纤维二糖和葡萄糖，其营养价值与淀粉相似。但木质素等镶嵌物质几乎不能被长毛兔消化吸收，而这些物质又与纤维素、半纤维素嵌合在一起，影响整个粗纤维的利用。因此，粗纤维对长毛兔的营养价值不高。但实践证明，粗纤维对长毛兔的肠黏膜有一定刺激作用，可以促进胃肠道蠕动和粪便排出，有利于防止消化道疾病的发生，粗纤维含量若低于10%，则肠道蠕动减慢而会发生便秘，并由于肠内容物滞留时间过长，产生毒素引起肠炎。

日粮中粗纤维的含量，主要应根据兔的年龄和生理状态而定。一般幼兔日粮中粗纤维含量应低些，而成年兔日粮中可略高些。但必须注意，日粮中纤维素过多会导致能量摄取不足，生产水平下降。据试验分析，比较适宜的粗纤维含量应为12%～14%。

三、蛋白质的需求

蛋白质是一切生命活动的基础，也是兔体的重要组成成分。幼兔、妊娠母兔和哺乳期母兔的日粮中，蛋白质需求量分别为粗蛋白质的16%、15%和17%。如果日粮中蛋白质水平过低，就会造成长毛兔生长缓慢，体重减轻，公兔精液品质降低，母兔不发情、不易受孕，缺奶或体质瘦弱，胎儿发育不良等。相反，日粮蛋白质水平过高，蛋白质采食量过多，不仅造成浪费，还可能会产生腹泻，增加消化器官负担，甚至中毒等。因此，蛋白质的供给应控制在适当的水平上。

四、脂肪的需求

脂肪是提供能量和沉积体脂的营养物质之一，也是构成兔体的重要组成成分。不同生长阶段的长毛兔对脂肪的需求量也不同，幼兔需求量特别高，母兔乳汁中含脂量高达 12.2%，所以，基本能满足幼兔的需求；成年兔因大肠微生物能合成多量的脂肪酸，故需要量相对较低。对于生长期的长毛兔日粮中的脂肪含量应为 3%~4%，妊娠和哺乳母兔应为 4%~5%。

饲料中的脂肪大部分是三磷酸甘油酯，由脂肪酸和甘油组成。脂肪酸又分为饱和脂肪酸和不饱和脂肪酸，其中，必须从饲料中供给的不饱和脂肪酸称作必需脂肪酸。长毛兔所需的亚麻油二烯酸、次亚麻油酸、二十碳四烯酸都属于必需脂肪酸，对长毛兔皮毛的质量和光泽有很好的效果。因此，饲养长毛兔一定要保证必需脂肪酸的供给。

五、维生素的需求

维生素是兔的新陈代谢过程中所必需的物质，对长毛兔的生长、繁殖和维持其机体的健康有着密切的关系。长毛兔虽然对维生素的需要量微小，但缺乏时，轻者生长停滞、食欲减退、抗病力减弱、繁殖机能及生产力下降；重者造成长毛兔死亡。

维生素主要分脂溶性维生素和水溶性维生素两大类。前者主要有维生素 A、维生素 D、维生素 E、维生素 K 等，后者包括整个 B 族维生素和维生素 C，对兔体营养起关键性作用的是脂溶性维生素。据试验，长毛兔生长期和种公兔每千克体重每日需 8μg 维生素 A，繁殖母兔需 14μg。维生素 E 的最低推荐量为每天 0.32mg/kg 体重，维生素 K 的推荐量为每千克日粮 2mg。

青绿饲料及糠麸饲料中均含多种维生素，只要经常供给长毛兔优质的青绿饲料，一般情况下维生素不会缺乏。

六、矿物质的需求

矿物质元素在兔体内的含量约占成年兔体重的 4.8%，但参与机体内的各种生命活动，在整个机体代谢过程中起着重要作用，是保证长毛兔健康、生长、繁殖所不可缺少的营养物质。通常把在体内含量高于 0.01% 的称为常量元素，包括钙、磷、钾、钠、氯、硫、镁等；把在体内含量低于 0.01% 的称为微量元素，包括铁、铜、锌、锰、碘、硒、钴等。因此，矿物质是保证长毛兔生长发育必不可少的营养物质。

第三节　长毛兔常用饲料种类和营养特性

一、饲料分类

饲料有多种分类方法，我国的饲料分类是将饲料分成八大类，然后结合中国传统饲料分类习惯再分成 17 个亚类：青绿饲料、树叶类、青贮饲料、块根、块茎、瓜果类、干草类、农副产品类、谷实类、糠麸类、豆类、饼粕类、糟渣类、草籽树实类、动物性饲料、矿物质饲料、维生素饲料、饲料添加剂、油脂类饲料及其他等。而国际上则将饲料直接分为 8 类：粗饲料、青绿饲料、青贮饲料、能量饲料、蛋白质补充料、矿物质、维生素、饲料添加剂。这里只介绍长毛兔日粮中的常用饲料。

二、常用饲料

长毛兔的常用饲料，根据营养特性和主要作用，大致可分为青绿饲料、粗饲料、能量饲料、蛋白质饲料、矿物质饲料、添加剂饲料和其他非常规饲料等。前 4 种是组成长毛兔日粮的基本成分，后 3 种主要以少量或微量添加的形式，对长毛兔日粮进行完善补充，以补充某些矿物质元素、氨基酸和维生素的不足。

（一）青绿饲料

青绿饲料来源广，种类多，适口性好，营养价值高，在长毛兔场的日常管理中，合理利用青绿饲料，是降低长毛兔养殖成本、提高经济效益的有效方法之一。我国大部分地区青绿饲料充足，青绿的农作物秸秆丰富，可以根据当地实际情况，合理有效利用。

1. 饲料种类

（1）天然牧草。主要包括草地草坡以及平原田间地头自然生长的野生杂草。如早熟禾、狗尾草、车前草、猪殃殃、一年蓬、野苋菜、胡枝子、蒲公英、马齿苋、青蒿等。其中，有些具有药用价值，如蒲公英具有催乳作用，马齿苋具有止泻、抗球虫作用，青蒿具有抗毒、抗球虫等作用。长毛兔对各种天然牧草的适口性不同，鲜草适口性好的，就当青绿饲料利用，如果鲜草利用适口性不好，可制成青干草利用。

（2）栽培牧草。主要包括黑麦草、苏丹草、紫云英、紫花苜蓿、鲁梅克斯、串叶松香草等。人工选育栽培的牧草，产量高，质量好，既可鲜喂，也可晒制干草加工成配合饲料，是长毛兔的优质饲料，对长毛兔饲养产业的发展和效益的提高有着不可替代的作用。

（3）蔬菜类。主要包括青菜、大白菜、胡萝卜、萝卜菜、牛皮菜、甘薯叶、甘蓝叶等。蔬菜类作物产量高，尤其在冬春缺乏青绿饲料的季节，可作为长毛兔的青饲料来补充饲喂。蔬菜类青绿饲料具有清火通便作用，含有丰富的维生素。因蔬菜类饲料含水分高，应适当控制喂量，以防止腹泻等疾病的发生。

（4）树叶类。主要包括紫穗槐叶、松针、桑树叶、柳树叶、香椿树叶等。其中，生长茂盛、叶片细嫩、营养丰富的紫穗槐叶、马尾松针和桑树叶等，维生素、蛋白质含量高，是长毛兔的优质饲料。尤其是紫穗槐叶，营养非常丰富，粗蛋白、维生素含量高，其粗蛋白含量高于紫花苜蓿，而且对兔的适口性较好，鲜喂或干喂长毛兔均喜食。

（5）水生植物类。主要包括水浮莲、水葫芦、水花生和绿萍等。因含水量高，故宜晾干表面水分后再喂，有些地区采用将水草打浆拌料的办法喂兔，效果很好。

2. 营养特性

（1）青绿饲料水分含量高，一般可达 60%~80%，有些水生饲料和叶菜类饲料，水分高达 90%~95%。

（2）蛋白质含量差异较大，以干物质计算，豆科类饲草可高达 10%~20%，禾本科饲草仅 3%~6%，蔬菜类为 8%~15%。

（3）青绿饲料适口性好，易消化，含有各种酶、类激素物质（促性腺激素和雌激素）、钙、钾等碱性物质，对长毛兔的生长繁殖有促进作用。

（4）青绿饲料体积大，含能量低，每千克含消化能只有 1.25~2.5MJ。

所以，单以青绿饲料喂兔难以满足其能量需要。

3. 利用注意事项

（1）青绿饲料必须放置草架上饲喂，切忌放入笼舍底板上饲喂，以免粪尿污染，并造成浪费。

（2）保持清洁、新鲜、嫩绿，当天喂兔草料要当天收割。露水草不能喂兔，切忌雨淋。如果收割的青绿饲料有露水，必须先行晾干表面水分后再饲喂；如果是雨天收割的青绿饲料，可用 1‰浓度的高锰酸钾溶液浸泡后饲喂。

（3）防止霉烂变质，堆积过久、发酵腐烂的青绿饲料切忌喂兔，以免引起中毒、腹泻，甚至死亡。所以，青绿饲料存放不能堆积，必须在通风的架子上薄薄地摊开存放。

（4）为满足长毛兔的营养需要，青绿饲料必须与禾本科、豆科等饲草搭配饲喂。

（5）防止农药中毒，切忌在喷洒农药后的田边、菜地或粪堆旁割草喂兔。

（6）防止寄生虫感染，特别是带露水的青草和雨天收割的青绿饲料，容易造成寄生虫感染，所以，需经清洗晾干后饲喂。经常饲喂水生牧草的长毛兔场，兔群需定期驱虫。

（二）粗饲料

粗饲料是指干物质中粗纤维含量在18%以上的饲料，粗纤维含量高，可利用成分少，在长毛兔日粮中的主要功能是提供适量粗纤维和构成合理的日粮组成。

1. 饲料种类

（1）青干草。主要包括天然牧草或人工栽培牧草在质量最好和产量最高时期收割，经晒制干燥而成的饲草。晒制良好的青干草颜色青绿，气味芳香，质地柔软，适口性好，是长毛兔日粮中的优质粗饲料。

（2）秸秆类。主要包括稻草、玉米秸、豆秸、小麦秸、大麦秸、花生秧、甘薯藤等。一般来说，这类粗饲料营养价值较低，粗纤维含量较高，但粉碎后可用作长毛兔颗粒饲料的组分，是冬春季节的主要粗饲料来源。

（3）秕壳类。主要包括各种植物的籽实壳，其营养价值高于同种作物的秸秆，常用的有谷壳、豆荚、花生壳、大麦壳、小麦壳及其他籽实的脱壳副产品。此类粗饲料来源广、种类多、价格低，是长毛兔冬春季节的主要粗饲料来源。

2. 营养特性

（1）粗纤维含量较高。一般干物质中粗纤维含量可达25%～50%，无氮浸出物含量为20%～40%，消化率较低，但有防止肠道疾病的多种功能。

（2）粗蛋白含量差异较大。豆科干草的营养价值优于禾本干草，特别是前者含有较丰富的蛋白质和钙，其蛋白质含量一般在15%～24%，禾本科秸秆及秕壳一般只有3%～6%。

（3）维生素D含量较为丰富，优质干草中含有一定的胡萝卜素和 B 族维生素，其他维生素含量较低。

（4）矿物质方面，钙、钾含量较高，磷、钠含量较低，基本上属于生理碱性饲料。

（5）总能含量较高，但消化能含量较低，因收割时期、调制技术及本身质地不同而存在一定差异。

3. 利用注意事项

（1）粗饲料中因粗纤维含量较高，适口性较差，宜粉碎后与其他优质饲料混合制成颗粒饲料，以改善适口性和提高消化率。

（2）根据长毛兔的营养需要，日粮中的粗纤维含量一般为 14%~16%，应严格控制使用，缺乏使用易引起消化道疾病。过量使用也会引起肠道蠕动过速，饲料通过消化道速度加快，营养浓度降低，饲料在消化道通过的时间过短，也会使部分营养浪费，导致营养不良，生产性能也会下降。

（3）为满足长毛兔的营养需要，在长毛兔的日粮中，禾本科干草应与豆科干草等配合应用，最好能同时配合饲喂青绿饲料等。

（4）要防止干草、秸秆及秕壳类饲料堆积过久，霉烂变质。树叶类饲料最好用青绿树叶晒制，切忌发酵霉烂。

（5）干草或秸秆的叶片营养价值较高但容易脱落，故在调制和装运过程中应特别注意，尽量减少损失。

（三）蛋白质饲料

蛋白质饲料是指饲料干物质中粗蛋白含量在 20% 以上的饲料。蛋白质饲料在长毛兔日粮中所占比例不是非常高，但对长毛兔的生长发育和生产性能的发挥具有重要作用，是长毛兔日粮中不可或缺的营养成分。

1. 饲料种类

（1）植物性蛋白质饲料。主要包括豆饼、豆粕、花生饼、花生粕、棉籽饼、棉籽粕、葵花籽饼、葵花籽粕等。豆类及各种油料籽实经压榨法取油后的副产品统称为饼类；经浸提法取油后的副产品统称为粕类。压榨法的产脱油率低，饼内尚有4%以上的油脂，在实际生产中，我们可利用其高能量的特点；浸提法多采用有机溶剂来脱油，粕中残油少，只有1%左右，比饼类容易保存。

（2）动物性蛋白质饲料。主要包括渔业、肉食及乳品加工的副产品，常用的有鱼粉、肉骨粉、羽毛粉、蚕蛹粉、血浆蛋白粉等。动物性蛋白质饲料品质好，消化率高，钙、磷比例适宜。据国外研究报道，血浆蛋白粉是早期断奶仔兔日粮中的优质蛋白质来源，能有效降低幼兔因肠炎引起的死亡率。

（3）微生物蛋白质饲料。主要包括酵母、藻类等。常用的饲料酵母有啤酒酵母、石油酵母、纸浆废液酵母等。长毛兔日粮中添加适量饲料酵母，有助于促进盲肠微生物生长，防止胃肠道疾病，改善饲料利用率，提高生产性能。一般日粮中的添加量以2%～5%为宜。

2. 营养特性

（1）蛋白质含量高。植物性蛋白质饲料粗蛋白含量占干物质的20%～40%，动物性蛋白质饲料粗蛋白含量为40%～80%，饲料酵母的粗蛋白含量为50%～55%。

（2）植物性蛋白质饲料粗纤维含量较低，动物性蛋白质不含粗纤维，而富含脂肪及蛋白质，故能量价值高，每千克含消化能14～25MJ。

（3）植物性蛋白质饲料适口性较好，赖氨酸含量较高。动物性蛋白质饲料氨基酸组成平衡，尤以蛋氨酸、赖氨酸含量最为丰富。

（4）消化率高。植物性蛋白质饲料消化率为70%～85%，动物性蛋白质饲料的消化率则达80%～90%。

（5）矿物质元素、维生素含量丰富，尤以钙、磷及 B 族维生素含量较高。

3. 利用注意事项

（1）动物性蛋白质饲料来源较少、价格相对较高，要合理使用，减少浪费，一般使用量只占日粮的 1%～5%。一方面，加多了会影响日粮配方的设计；另一方面，像鱼粉这些动物性蛋白质饲料加多了还会影响饲料的适口性。

（2）蛋白质饲料如果贮存不当，易发生霉、酸、腐败等变质，长毛兔食用后容易引起中毒，因此，应妥善保存，使用时应注意饲料质量状况。

（3）生豆饼中含有抗胰蛋白酶因子和脲酶等有害成分；菜籽饼有辛辣味，且含有硫葡萄糖苷等有毒物质。大量饲喂易引起兔子腹泻、甲状腺肿大和泌尿系统炎症等。

（4）鱼粉是常用的动物性蛋白质饲料。优质鱼粉，色金黄，脂肪含量不超过 8%，含盐量 4% 左右（特别好的鱼粉含盐量 2% 左右），干燥而不结块；劣质鱼粉，有特殊气味，呈咖啡色或黑色，这种劣质鱼粉不宜喂兔，以免带来不良后果。鱼粉的质量与生产鱼粉的国家或地区、鱼粉原料和自身品质不同会有较大差异，在设计配方和实际加工颗粒饲料时，应予充分考虑。

（四）能量饲料

能量饲料是指饲料干物质中粗纤维含量低于 18%，粗蛋白含量低于 20% 的饲料。这类饲料是长毛兔日粮中的主要能量来源，但蛋白质含量较低，必需氨基酸含量不足。因此，配制长毛兔日粮时，必须相应地与蛋白质含量较高的饲料配合使用。

1. 饲料种类

（1）谷实类籽实。主要包括玉米、高粱、大麦、稻谷、小麦等。玉米是长毛兔日粮中最重要最常用的能量饲料之一。适口性好，含能量高，素有"饲料之王"之美称，用量可占日粮的

10%~20%。

（2）谷物加工副产品。主要包括米糠、玉米糠、麦麸、高粱糠等。麦麸营养丰富，适口性好，含有适量的粗纤维和硫酸盐类，是长毛兔的良好饲料来源。但麦麸具有轻泻作用，要注意与其他饲料原料的配合，一般日粮中的麦麸用量为日粮总量的10%~18%。

（3）糖、酒等加工副产品。主要包括糖蜜、酒糟、豆渣、甜菜渣等。在长毛兔饲料中添加适量糖蜜可明显改善饲料的适口性和颗粒料质量，喂量可占日粮总量的3%~6%。

2. 营养特性

（1）含能量较高。谷实类籽实，每千克含消化能 10.46MJ以上；麦麸、米糠等，每千克含消化能 10.87MJ 以上。

（2）无氮浸出物含量较高。一般谷实类籽实无氮浸出物含量占干物质含量的 71.6%~80.3%，糠麸类含量为 53.2%~62.8%，消化率高达 70%~96%。

（3）蛋白质含量较低。谷实类籽实蛋白质含量为 6.9%~10.2%，糠麸类含量为 10.3%~12.8%，必需氨基酸含量不全，赖氨酸、色氨酸、蛋氨酸含量较低。

（4）矿物质元素中，磷、铁、铜、钾等含量较高，钙含量较低。但磷中约有 70% 为植酸磷，其吸收利用率较低。

（5）所有能量饲料都缺乏维生素，但因有体积小、粗纤维含量低、营养价值高等特点，为长毛兔日粮配合的主要饲料原料。

3. 利用注意事项

（1）不同种类的能量饲料其营养成分差异很大，配料时应注意饲料种类的多样化，科学设计，合理搭配使用。

（2）谷实类饲料对长毛兔的适口性顺序为大麦、小麦、玉米、稻谷。高粱因单宁含量较高，在长毛兔日粮配合时应有所限制。

（3）长毛兔属食草类动物，其日粮中必须要有一定的粗纤维，而能量饲料粗纤维含量较低，特别是玉米，日粮中用量不宜过多，以免导致胃肠炎等消化道疾病的发生。

（4）应用能量饲料时，为提高有机物质的消化率，应经过粉碎并搭配蛋白质、矿物质等其他饲料加工成颗粒料饲喂。

（5）高温、高湿环境下很容易使精饲料发霉变质，特别是黄曲霉素对长毛兔有很强的毒性，选料加工及贮存时应特别注意。

（五）添加剂饲料

添加剂饲料是指添加于配合饲料中的某些微量成分，这对长毛兔的生长发育以及繁殖等生产性能均有显著影响。

1. 饲料种类

（1）氨基酸添加剂。常用的有赖氨酸和蛋氨酸，也是多数植物性饲料最易缺乏、对长毛兔生产性能有显著影响的氨基酸。

（2）微量元素添加剂。常用的有硫酸铜、硫酸锰、硫酸锌、硫酸亚铁和亚硒酸钠等。添加原料大多为盐类。

（3）维生素添加剂。常用的有维生素A、维生素D、维生素E等。商品生产中应用最多的是多维素，即复合维生素。

（4）驱虫保健添加剂。常用的有氯苯胍、磺胺二甲嘧啶等。另外，大蒜、洋葱、韭菜等亦有防治消化道疾病和球虫病的功能，以大蒜最为常用。

2. 营养特性

（1）饲料添加剂按其添加成分，可分为营养性物质（如氨基酸、维生素、矿物质元素等）和非营养性物质（如抗生素、激素等），对促进生长、增进食欲以及发挥长毛兔生产性能等有良好作用。

（2）赖氨酸和蛋氨酸是长毛兔日粮中必需供给的限制性氨

基酸。赖氨酸的生理功能是参与体蛋白的合成，因此，与长毛兔的生长、发育、繁殖密切相关；而蛋氨酸是含硫必需氨基酸，与生物体内各种含硫化合物的代谢密切相关，蛋氨酸还可利用其所带的甲基，对有毒物或药物进行甲基化而起到解毒的作用。在长毛兔的日粮中添加 0.1%~0.2% 的赖氨酸和 0.3%~0.4% 的蛋氨酸，可明显提高长毛兔的各种生产性能和对其他氨基酸的利用率。

（3）维生素 A、维生素 D、维生素 E 及胆碱等在长毛兔体内甚微，但具有生物活性物质作用，添加后可参与酶分子构成及促进生长等作用，维生素 E 对长毛兔的繁殖性能有显著影响。

3. 利用注意事项

（1）添加剂因用量小，不能直接加入饲料，须预先混合后再与日粮混合均匀，应注意混合方法，要逐步混合，注意均匀度，以便达到预期效果。

（2）补饲药物添加剂，特别是抗生素，易破坏消化道中微生物体系的正常活动，同时，容易产生抗药性。所以，要把握用药原则，要选择使用最敏感的药物添加剂，并严格控制用量，及时更换。

（六）矿物质饲料

矿物质饲料一般用量很少，但对长毛兔的生长发育以及繁殖等生产性能影响很大，是日粮中不可缺少的组成部分。

1. 饲料种类

（1）食盐。大多数植物性饲料中钠、氯含量不足，一般可用食盐予以补充。

（2）骨粉。骨粉的主要成分是碳酸钙，含钙量为 23%~30%，磷含量为 10%~14%，是长毛兔最常用的钙、磷补充饲料。

（3）石粉。石粉的主要成分也是碳酸钙，含钙量为 35%~38%，是最常用的补钙饲料。

2. 营养特性

（1）在长毛兔的日粮中，需要量较多的矿物质元素有钙、磷、氯、钾等，所以，日粮中必须适量补充食盐、骨粉、石粉等饲料原料。

（2）大多数植物性饲料中的钠、氯含量不足，补充食盐不但能调节钠、氯、钾的生理平衡，还有提高饲料适口性和增进食欲的作用。

（3）骨粉中含有大量的钙和磷，而且钙、磷比例平衡。一般蒸煮骨粉含钙量为30%，含磷量14%；生骨粉含钙量为23%，含磷量10%。

（4）石粉即石灰石粉，天然的碳酸钙，含钙量高达38%以上，常在钙少、磷多的情况下使用，以调整日粮中钙、磷比例的平衡。石粉对促进仔、幼兔生长，效果较好。

3. 利用注意事项

（1）食盐喂量一般占日粮的0.5%～1%，用量过大会引起食盐中毒，应在日粮配合加工时，直接拌入饲料原料中，也有长毛兔饲养者把食盐溶于饮水中补给。

（2）喂用的骨粉要防止霉变，颜色变黑且有臭味的骨粉不能使用，以免引起中毒。

（3）矿物质元素饲料，一般用量较少，应注意混合方法，混合时要注意混合的均匀度。

第四节　长毛兔饲料的加工制作

饲料加工的主要目的是根据长毛兔各生长阶段的营养需要，通过科学的饲料原料配合，提高长毛兔日粮的营养价值，减少饲料浪费，提高饲料的利用率，改善饲料的适口性，并扩大饲料的来源。

一、物理处理

物理调制的方法是通过清洗、粉碎、浸泡、晒干、发芽等简单方法，对饲料进行去污、去杂，防止饲料霉烂变质等，都属于物理调制法。

1. 清洗

凡采集的青绿饲料必须先进行清洁，尽量不带泥沙杂质，未受农药等有毒有害物质污染。鲜喂的青绿饲料应洗净晾干，要求青绿饲料表面无水分后再行饲喂。

2. 粉碎

谷粒饲料宜适当粉碎。整粒谷物喂兔，不仅消化率低，造成饲料营养浪费，而且不易与其他饲料混合均匀。但粉碎粒度不宜过细，粉粒直径以 1~2mm 为宜。

3. 浸泡

豆类、饼粕类和谷实类饲料，经水浸泡后膨胀变软，可以提高消化率。豆科籽实还需浸泡蒸煮后方可饲喂，以消除或大幅减少抗胰蛋白酶的有害影响，同时，提高饲料的适口性和消化率。

4. 晒干

盛花期前收割的青草或农作物秸秆，营养丰富，但容易霉烂变质，为了提高青饲料的利用率，也为了扩大优质饲料来源，应将青饲料尽快晒制成干草，以免青饲料霉烂变质，宜于长久保存。青草等青饲料晒制过程越短，养分损失越少，优质干草色青绿、味芳香，是长毛兔散养户冬、春季节的优质饲料来源，是规模养殖场长毛兔日粮的优质原料。

5. 发芽

为解决长毛兔冬、春季节青绿饲料缺乏问题，在日常生产中常用大麦、稻谷、玉米等谷物饲料发芽后喂养，以提高饲料的营养价值。发芽饲料的制作方法：先将发芽用的籽实饲料置于

45℃左右的温水中浸泡 32~36 小时，捞出后平摊，厚度为 3~5cm，上面覆盖塑料薄膜，维持环境温度 23~25℃，每天用 35℃左右的温水喷洒 3~5 次，3~7 天即可发芽，一般以芽长 5~8cm 喂兔效果最好。

二、化学处理

化学调制的方法是应用酸、碱等化学制剂，对秸秆等粗饲料进行化学处理，目的是破坏粗饲料中的木质素，改善饲料的适口性，提高饲料的消化率。

1. 碱化处理

将稻草、麦秸等粗饲料切碎放入缸或水泥池内，用 1%~2% 的石灰水浸泡 1~2 天，捞出后用清水洗净，晾干后即可喂兔。用量可占日粮的 2%左右。

2. 氨化处理

将稻草、麦秸等粗饲料切碎放入缸或水泥池内，用尿素、碳酸氢铵或氨水进行氨化处理，用量以干秸秆计算，即尿素 5%、碳酸氢铵 10%、氨水 10%~12%，与干秸秆拌匀踩实后用塑料薄膜覆盖封闭实。氨化时间为：冬、春季节 4~6 周，夏、秋季节 1~2 周。启封后通风 12~24 小时，待氨味消失后即可喂兔。

3. 棉籽饼去毒法

棉籽饼中含有游离棉酚，使用不当易引起长毛兔中毒，故使用前一定要进行去毒处理。一般可按棉籽饼中游离棉酚含量，加入等量铁元素，拌匀后配合其他饲料即可直接喂兔，用量一般可占精料用量的 10%~15%。

在长毛兔的日常管理中，为了较少饲料浪费，提高饲料利用率，更科学合理地为长毛兔提供日粮，将饲料进行配合加工成颗粒，是目前最好的选择。颗粒饲料加工是饲料工业中比较先进的加工技术。实践表明，长毛兔对颗粒饲料具有特别的嗜好，并能明显提高生产效益和经济效益。

第五节　长毛兔的日粮配合和基本原则

一、日粮的概念

兔在一昼夜内所采食的各种饲料的总量称之为日粮。在养兔生产中通常是根据饲养标准所规定的能量和各种营养物质的需要量，选用适当的饲料，为各种不同生理状态和生产水平的兔配合成日粮。日粮中各种营养物质的种类、数量及其相互比例，如能满足兔的营养需要，这样的日粮称作平衡日粮或全价日粮。日粮配合是养兔生产过程中的一个关键环节。日粮配合是否合理，直接影响兔生产性能的发挥及养兔业的经济效益。

二、基本原则

（1）配合日粮时要根据我国目前已制订的饲养标准，结合本地区本场的生产水平和生产中积累的经验予以适当调整。

（2）配合日粮时要注意饲料的多样性，一般配合日粮中要有3~5种饲料，这样就可充分发挥各种饲料的互补作用，使之符合兔的营养要求。

（3）在兔的配合日粮中，若粗料过多、体积过大，它就无法按照预定的数量采食完，且营养浓度不够。所以，配合日粮中精料要保持一定比例。如4.5kg的公兔，往往需要中等干草占70%，混合精料占30%。同时，还应注意总采食量，成年公兔和停奶母兔在维持饲养的情况下，采食量为体重的3.0%~3.5%，就可维持良好的体况。若让其自由采食，采食量等于体重的5.5%时，体重才能增加。不同年龄兔的采食量，初生至15天全部靠乳汁，15~21 天，每天采食量为 0~20g；21~35 天为 15~50g；35~42 天为 40~80g，42~49 天为 70~100g；47~63 天为100~160g。兔的干草采食量与体重的关系：体重 500g 干草采食量为 157g，占体重的 31%；体重 1 000g 时为 216g、22%；体重1 500g 时为 261g、17%；体重 2 000 g 时为 298g、15%；体重2 500g 时为 331g、13%；体重 3 000 g 时为 360g、12%；体重3 500g 时为 386g、11%；体重 4 000g 时为 411g、10%。上述参数对养兔生产都有一定的参考价值。

（4）配合日粮时所需用的日粮，既要适口性好，又要符合兔的消化特点。兔对饲料的喜食顺序是青饲料、根茎类饲料、潮湿的碎屑状软饲料（粗磨碎的谷物，蒸熟或煮熟的马铃薯）、颗粒饲料、粗料、粉料。对谷物饲料的喜食顺序是燕麦、大麦、小麦、玉米。兔对各类饲料营养物质的消化率有所不同，如玉米蛋白质的消化率为 78.7%，大麦为 81.6%，燕麦为 69.3%，麸皮为75.8%，向日葵饼为 88.3%，马铃薯为 78.2%。

（5）配合日粮要注意经济原则。因为一般饲料占饲养成本的 60%~70%，它的高低直接影响经济效益。所选饲料应尽量是本地的饲料，以减少运输费用。同时，设法开发新的饲料来源，如工业加工的副产品，以降低饲料成本。

三、日粮配合方法

1. 配料工艺

兔的日粮配合方法很多，有代数法、四角配料法、试差法、电脑法等。无论用哪种方法在配料时先要满足兔对青粗饲料的喂量，然后用混合精料满足能量和蛋白质的需要。用矿物质补充日粮中钙、磷的含量。最后用维生素、氨基酸的补充量，满足兔对这两种物质的需求。

2. 配料程序

第一选用适当的饲养标准，查出所配兔的营养需要量；第二选用所用的青粗饲料和混合精料的种类并查出其营养成分；第三计算各种饲料的配合比例；第四调整比例使得所配的日粮符合饲养标准；第五补充矿物质、维生素和氨基酸。

3. 注意问题

配合日粮时主要抓住能量和蛋白质，钙、磷可用矿物质补充，维生素、氨基酸可用相应添加剂弥补。食盐一般不超过1%，以免发生中毒。由于同一种饲料，在不同地区土壤中种植，其营养成分存在一定差异，所以，在查饲料营养成分表时，应尽量采用本地区的分析资料。

4. 配合方法

配方是否正确必须通过饲养试验进行验证，一般饲料加工厂均设有试验场，作为检验配方的场地。在饲养检验过程中应从以下几方面着手。

饲料利用率，系指获得单位兔毛或单位增重所消耗的饲料数量。单位兔毛所消耗饲料愈少，则饲料利用率愈高。假若饲料利用率很低，除兔本身遗传因素及疾病外，主要是饲养水平低或日粮配合不平衡。低水平饲养使许多营养物质用于维持需要的消耗，这就增加了生产单位兔毛所消耗的饲料量。此外，饲料中若缺少某些必需的营养物质，日粮的营养不平衡，则兔体不能维持正常的生理机能，一部分营养物质或能量的损失增加了，也会降低饲料利用率。检查时可根据饲料消耗记录、产毛记录及生长发育记录分析，计算饲料利用率的高低。

生长兔体重的增长速度，是检查饲养和日粮配方好坏的重要指标。大群饲养时称重有困难可抽样称重，根据称重结果判断配方的好坏。

除遗传因素外，饲养水平和日粮的全价性，能影响母兔的发情、受胎、妊娠、产仔等情况，依此进行判断。

如果大群兔拒绝采食某种饲料，很可能是饲料品质不好。若出现异常现象，多数是与矿物质缺乏有关。

通过对以上几方面的观察测定，可判断日粮配合是否合理，发现问题立即纠正。

第四章　长毛兔的饲养管理

　　根据长毛兔的品种、习性、生理阶段、外部环境条件等要素，制订科学的饲养管理方法；在具体的饲养过程中，要按长毛兔的生长发育状况、体型大小、食欲、排便、精神状况以及季节、气候条件的实际，精心饲养，精细管理。

第一节　饲养管理的一般要求

一、针对初养者前期准备的要求

1. 场舍准备
　　良好的场址和兔舍是搞好长毛兔饲养管理的重要物质基础。新建兔舍时应选择地势高燥、平坦、背风向阳、地下水位低、排水良好、场地宽敞的地方；应有水量充足、水质良好的水源；应远离屠宰场、牲畜市场、畜产品加工厂及牲畜来往频繁和人声嘈杂的交通要道，最好建在离交通干线 200m、距离一般道路 100m 以外、较僻静的地方；建设兔舍应因地制宜、就地取材，以防暑、防潮、防雨、防寒、防污染、防兽害、防疫病和便于控温、控湿、控光以及节省投资、方便管理为原则。

2. 笼具准备
　　用于长毛兔养殖的笼具可购买现有的塑料、铁丝网等组合式兔笼，也可自制兔笼，但应以长毛兔能在笼内自由活动为原则；兔笼的长应为成年兔体长的 2 倍、宽的 1.3 倍、高的 1.2 倍，一般有排污系统、产仔箱、饲槽、草架、饮水器、固定箱等组成，造价较低、经久耐用、便于操作和洗刷，并符合长毛兔的生理要求。

3. 技术准备

提高长毛兔的繁殖率、成活率、产毛率和级品率，是保证长毛兔养殖成功的关键，这就要提前解决养兔的技术人才问题，确定是外聘还是内培。如内培，就要安排人员到正规的养兔场培训；没有条件时可购买养兔方面专业性书籍进行自学，并交流学习、取长补短，不断提高养兔技术。

4. 饲料准备

长毛兔是食草性动物，其饲料来源以植物性饲料为主，如青绿饲料、干草、麦麸、大麦、豆饼等。因此，如大规模养殖长毛兔时，首先要考虑饲料草的问题；对有条件的单位还要考虑购买粉碎机、颗粒机等设备来自制全价颗粒饲料，提高效益。

5. 防疫准备

兔病是养兔生产的大敌，若饲养管理不当或遇兔病流行，则会成群成批发生死亡，因此，在开展长毛兔养殖时应高度关注防疫管理工作。

6. 引种准备

引种前要全面了解长毛兔供种货源，掌握选择种兔的基本知识。要坚持到有种兔生产经营资格的单位购买；坚持比质比价比服务的原则；坚持就近购买的原则，把好种兔的质量关。

二、针对长毛兔生产特点的要求

1. 产毛性能高

长毛兔毛产量具有较高遗传力，其遗传指数可达 $0.4 \sim 0.7$；即高产毛兔的后代，多数产毛量也较高，以 4kg 重长毛兔产毛 900g/年计，折合 225g（毛）/kg（体重），比绵羊高 7 倍（净毛）；而且毛的生长速度快，剪毛后第一月内日均生长 0.83mm，第二个月 0.65mm，第三个月 0.61mm，两个多月剪毛一次比 3 个月剪毛的日均产毛量可提高 20%~25%；由于其毛的干物质中蛋白质含量达 93%，而且其毛越细含硫越多，因此，长毛兔对饲料蛋白质的需求量较高，尤其是含硫氨基酸。

2. 采食量与毛生长期密切相关

剪毛后的长毛兔采食量最大，随着毛的长度增加，日采食量逐渐减少。

3. 性别差异

母兔产毛量高于公兔 25%左右，但母兔的毛较粗；繁殖性能与产毛量呈负相关，产毛量越高，繁殖性能越差，一些高产母兔甚至由此而丧失其繁殖性能。因此，饲养场不宜过分追求年产仔数，以年产 3~4 胎为宜。

4. 季节差异

当气温由 18℃上升到 30℃时，毛产量可降低 14%、采食量减少 32%；而当气温由 18℃降到 5℃时，产毛量可增加 6%、采食量可增加 16%；一般夏季产毛量可降低 30%左右。

5. 年龄及其他影响

一般长毛兔的产毛高峰期在 1~2 周岁，后逐步下降。因此，长毛兔的产毛年限以 3~4 年为宜。长毛兔在哺乳期或疾病期也会对产毛有较大影响。

长毛兔饲养时间较长时，则慢性疾病也较多，如兔副结核病、螺旋体病、皮下脓肿、皮癣、毛球病等。

三、针对长毛兔日常管理的要求

1. 应以青粗饲料为主，精料为辅

长毛兔为食草动物，饲料中应以青粗饲料为主，不足部分的营养才辅以少量精料。实际生产中，长毛兔不仅能利用植物茎叶、块根、水果、蔬菜等青绿、多汁饲料，还能对干草、稻草等植物粗纤维进行消化，能起到平衡胃肠的作用，其消化率为65%~78%。因此，在养殖长毛兔时，即使有了优质的青绿饲料，也不要忘记给长毛兔喂一些优质干草。

根据长毛兔生长、产毛、妊娠、哺乳等不同生理阶段的营养需要，成年兔的精料饲喂量一般在50~150g/天，而青绿饲料每只在500~800g/天。研究数据显示：成年长毛兔采食青绿饲料的数量为其体重的10%~30%。

另外，不同生理阶段对饲料的要求也不同。例如，繁殖母兔和处于生长发育阶段的幼兔，它们对蛋白质和钙、磷的需要量要比其他生理阶段的长毛兔大。

2. 应力求饲料多样化，搭配合理

俗话说得好，若要兔子养得好，必须给以百样草。

饲料因种类的不同，其所含的营养成分就有较大的差异，例如，青绿饲料中纤维素和维生素的含量较高，豆科饲料中蛋白质和脂肪的含量较高，谷物饲料中无氮浸出物的含量较高等；又如，一般的禾本科籽实饲料赖氨酸和色氨酸含量较低，而豆科籽实饲料中这两种氨基酸含量较高。因此，在养兔生产中，切忌饲喂单一饲料，如果饲料过于单调，就会导致营养缺乏症和食欲减退，从而影响兔的生长发育和生产性能的发挥。

在配制长毛兔饲料时，应以禾本科籽实及其副产品作为主体，适当加入豆饼和（或）花生饼等豆科籽实加工副产品，不但可以提高饲料中蛋白质的含量，而且还可以使其中的必需氨基酸互相补充。青绿、干粗饲料的供应大多是随着季节的变化而换季，如夏秋两季是以青绿饲料为主，而冬春两季则以干草和根茎类饲料为主。因此在饲料换季时，青绿饲料和干粗饲料应采用逐步替换的方法，先替换1/3，过3~4天增加至2/3，再过3~4天全部替换，以便使长毛兔的消化机能逐步适应新替换的饲料。如突然替换，容易造成兔的食欲减退、伤食或腹泻。

3. 应注意喂水和加喂夜食，定时定量

定时是指长毛兔的饲喂要有一定的时间和次数，使兔养成定时吃食和排泄的习惯，逐步形成条件反射，这样兔一到喂食时间，就会有规律地分泌大量的消化液，这有助于提高兔子的胃肠消化机能，充分吸收饲料中的营养物质。但由于不同生理阶段的长毛兔对营养的需求不同，因此，对不同生理阶段的长毛兔的饲喂时间、次数、料量等都要有一个不同的标准，绝不能搞一刀切。例如，幼兔的饲喂次数要多于青年兔，喂食时要少喂勤添，每天5~6次；青年兔又应多于成兔，每天3~4次；成兔每天2~3次。

定量就是要根据长毛兔对饲料营养的需要，从实际出发，规定每天应饲喂的数量和次数，原则上应让兔吃饱、吃好，绝不允许突然喂得过多或过少；特别是饲喂混合精料时，必须根据长毛兔每天的吃食情况，严格控制，保证兔在短时间内吃完标配的饲料，不够部分再用粗饲料补充。长毛兔有昼伏夜出的习性，夜间不但很活跃，而且采食极为频繁，其夜间的采食量占所需日粮的70%~75%。因此，最好在21:00加喂1次，而且量还应大一些。

长毛兔有啃咬磨牙的习性，因为其门牙是一种恒齿，终身不断生长，需要通过不断地啃咬硬物来磨短门牙，直至长短适合采食。因此，在饲养长毛兔时要在兔笼内放一些质地较为坚实的植物秸秆等粗饲料，供其啃咬。

另外，还应保证给长毛兔有足够的清洁饮水，因为水是生命活动的重要物质。长毛兔体型小、活动性高、新陈代谢旺盛，需水量也大，因此，要根据长毛兔的年龄、生理状况、季节、气候以及饲料的性质，合理供给饮水；如生长发育旺盛的幼龄兔、妊娠母兔、哺乳母兔，在夏季炎热天气或喂给蛋白质、粗纤维和矿物质含量高的饲料时等，都需及时供应充足清洁饮水；冬季时还应注意喂给温水，以免引起肠炎。

4. 应保持环境卫生安静，强化防疫

长毛兔体型小、抗病力差，性喜干燥、怕潮湿，因此，在日常管理中必须注重环境卫生，每天打扫兔笼、兔舍，及时清除粪便、洗刷食具器皿、勤换垫草、定期消毒，保持良好的卫生干燥环境；同时，还要做到无病早防、有病早治，严格按程序做好相关免疫，预防疫病发生。

另外，长毛兔由于缺乏抗御敌害的能力，具有胆小易惊的习性，因此，在日常生产中要做到轻手轻脚，避免高声谈笑、围观喧闹，必须保持环境安静；并加强对猫、狗、鼬、鼠、蛇等有害动物的防范，以免侵害。

5. 应创造运动环境，增进健康

运动的好处早已为人们所熟知，它能增强体质、提高环境适应能力和抗病能力。运动时的呼吸加深和血液循环的加强，不仅可增加新陈代谢，而且还能增强胃肠蠕动，对机体的消化、吸收和排泄都能起到良好的促进作用；此外，还能消除体内多余脂肪，促进肌肉发育、增强体质；而缺少运动不仅可使肌肉、骨骼、关节等发育不良，而且还会影响内脏器官发育，增加幼兔受病原微生物感染的风险。但在运动时要注意公、母兔分开，以避免乱交和同性兔互相搏斗造成伤害；运动结束后要按照编号放回原笼，不宜乱放。

四、提高长毛兔产量和效益的饲养管理要求

1. 饲料专配

由于长毛兔的产毛性能很高，其对营养的需求与皮、肉兔有较大差异；高产毛兔的营养特点是高蛋白，其每产 1g 兔毛约需 2g 可消化粗蛋白，再加上每日 12g 可消化蛋白（约 18g 粗蛋白）的维持需要，如按单个长毛兔年产毛 1 000g 计算（平均每天产毛

2.74g/只），则每只毛兔每日约需摄入 17.48g 可消化粗蛋白（约 26g 粗蛋白）。因此，高产毛兔的配合饲料要求中低能量水平（消化能 9.8～11.0MJ/kg）和高粗纤维（14%～16%），粗蛋白水平应达到 16%～18% 和保证赖氨酸需要外，还应保证含硫氨基酸的补充，但其含量不宜超过 0.8%，过量的含硫氨基酸反而会导致生产性能下降；由于长毛兔生长对硫元素需求量较大，因此，在产毛兔饲料中还应当注意添加硫酸锌，促进兔毛生长，而硫酸锌中的微量元素锌还能直接参与动植物体内生长素的合成。另外，还应注意铜、锌、锰等微量元素的添加，一般分别为 30mg/kg、50mg/kg、30mg/kg 料，对提高产毛量、改善毛品质有较明显的作用。

为满足长毛兔产毛的营养需要特点，长毛兔的日粮以草食为主，适当搭配精料，而且其配合料或颗粒料应专门配制；在饲料选择上，应根据长毛兔的饮食偏好选取胡萝卜、谷芽、麦芽等，配合少量食用糖、植物油等增加饲料的适口性。产毛兔的日粮为青绿饲料 0.5kg、配合饲料 100～150g。常用的青绿饲料有苜蓿、菜叶、树叶、花生藤、红薯秧及各种野草等，冬季可饲喂晒制青干草。每日定时定量饲喂 3～4 次，尤其夜间要保证有充足的草料和饮水。饲喂时，青饲料要洗净沥水，不喂带泥土、雨水或喷洒过农药的草料。仔兔 16 天可开始补料，40～45 天断奶。4 月龄后公母兔应分笼饲养。

配合饲料可由各种谷物类、豆类及其副产品组成，如玉米、麸皮、大麦及豆饼、花生饼等。一般以麸皮或玉米为主，饼类蛋白质料占 20% 以上（包括鱼粉、蚕蛹等），还要搭配 2%～3% 的骨粉、食盐，以保证兔毛的生长需要。推荐的混合精料配方如下。

（1）玉米 15%、麦麸 24%、豆粕 10%、菜饼 8%、蚕蛹 3%、四号粉 10%、草粉（糠）20%、麦芽根 7%、酵母粉 1%、贝壳粉 1%、蛋氨酸 0.15%、赖氨酸 0.1%、食盐 0.3%。

营养水平：粗蛋白 17.9%，粗纤维 11.14%。

（2）豆粕 12%、菜饼 7%、玉米 15%、麦麸 20%、四号粉 11%、麦芽根 15%、清糠 16%、酵母 2%、贝壳 1.5%、蛋氨酸 0.2%、食盐 0.3%。

营养水平：粗蛋白 17.3%，粗纤维 13.1%。

（3）豆粉 15%、麸皮 28%、大麦 15%、玉米 10%、米糠 20%、鱼粉 5%、棉籽饼 5%、贝壳粉 1.5%、食盐 0.5%。

营养水平：粗蛋白 17.8%，粗纤维 13.3%。

2. 按兔毛生长周期调整日粮喂量

根据生产需要和长毛兔的兔毛生长规律，产毛兔一般每 3 个月采毛（剪或拔）1 次。由于采毛后第一个月的被毛很短、兔体热量散发最多，故采食量也最大；第二个月兔毛生长较快，需要充足的营养；第三个月毛的生长趋缓，由于毛长、体热散发大幅度下降，使食欲有所减退（尤其在夏季）。因此，在长毛兔采毛后 1~2 个月，尤其是在寒冷冬季，每日应供给充足的配合精料（100~150g）和优质青绿饲料，第三个月应逐步减少精饲料的喂量（75~100g），这既利于促进兔毛生长和长毛兔的健康，又可减少饲料消耗、节约成本。

为实现长毛兔稳产、高产的饲养目标，养殖户还需注重饲料的稳定性，避免中途变更饲料配方或饲料种类。

3. 努力提高产毛兔的繁殖力

（1）加强对种公兔的选择，尤其是睾丸，应大而饱满、整齐；种用公兔应单独饲养，60~70 天剪毛 1 次。

（2）把握季节、合理安排生产计划，适时配种。

冬春季是适宜长毛兔仔兔生长的最佳季节，此阶段的仔兔增重快、成活率高。为确保实现春繁 3 胎优质长毛兔仔兔的目标，养殖户应在初春时节就要做好相应的准备工作，特别是在种兔选择时就应当为配种旺季做好储备，种公兔与种母兔比例控制在1∶10左右，配种频次控制在2次/天以内。

当进入到夏季时，春繁的仔兔已成长为青年兔，对环境的适应能力和身体的抗病能力显著增强，此时，应对青年兔进行1次选种，选择体型较大、毛质紧密、身体健康的后备种兔单独喂养，并在饲料中加入20g胡萝卜和5mg维生素E，促进生殖系统发育。

进入秋冬季的配种季节后需要注意事项如下。

① 应将种公兔与种母兔生殖器附近的兔毛清除干净，以免造成生殖器发炎。

② 配种期间要确保公兔和母兔保持足够的运动量、晒足阳光，并在日粮中增加青绿饲料；也可将麦麸、鱼粉等加入公兔饲料中，马铃薯、白菜等加入到母兔饲料中，以保障种兔营养充足。

③ 当公兔与母兔完成第一次交配后，应在8~10小时再进行复配，以保障母兔输卵管内保存有较强活力的精子，增加卵子受胎机会，提高母兔受胎率与产仔率。

4. 加强饲养管理，注意预防慢性传染病

长毛兔的日常饲养与管理应充分考虑气候气温条件；通常冬季与春季昼夜温差较大，气候干燥、风力较强，饲养管理不当将严重影响当年的兔毛产量；同时，长毛兔的食欲、粪便形状等都会显示出兔的健康状况，应在日常管理中加强观察。

由于长毛兔的饲养周期较长，发生慢性病的可能性较大，因此，在生产过程中应采取加强免疫、通过饲料中短期添加药物等方法进行预防；同时，在长毛兔的日粮中应保证适量青草、优质干草，或每周停止一日给料，可有效减少毛球病发生。

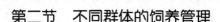

第二节 不同群体的饲养管理

一、种公兔饲养管理

饲养种公兔的目的主要是与母兔交配、繁衍后代；而在一个兔群中，种公兔的数量往往最少，但其对兔群后代质量的影响又最大。因此，在生产实际中必须加强种公兔的饲养与管理，要求其生长良好、体质健壮、性欲旺盛、配种上佳，能充分发挥种公兔的作用。

种公兔的饲养管理，主要应抓好以下几个方面。

1. 日粮配制要均衡

（1）公兔的种用价值，首先取决于精子的数量和质量；而精子的数量和质量与饲料营养，尤其是与蛋白质、维生素和矿物微量元素的数量和质量密切相关。近年来的采精实践数据证明，种公兔每次射精量平均在 1mL 左右（变动范围 0.4~2.0mL），每毫升精液所含的精子数平均在 1 亿个左右，多者可达 2 亿~3 亿个；而精液的主要成分除水分之外，绝大部分是由蛋白质构成，因此，日粮中蛋白质过低或过高，都会影响精子密度、活力，导致母兔受胎率和产活仔数下降。

（2）在生产实践中，如对精液质量欠佳的种公兔喂给一段时间的优质豆饼、麦麸、花生饼或豆料饲料中的紫云英、苜蓿等饲料，精液质量即可得到快速提高；而种公兔在获得充足的优质蛋白质后，则表现性欲旺盛、精液品质好、受胎率高。

（3）维生素和矿物质对精液的质量也有较大的影响。当日粮中缺乏钙和维生素 A、维生素 D、维生素 E 等营养元素时，种公兔不仅会表现四肢无力、性欲减退，还会导致精子发育不全、活力下降、数量减少、畸形精子增加，使母兔屡配不孕。因此，喂给种公兔的饲料，不但要品种多样，而且还要注意饲料的营养价值。

（4）在正常情况下，种公兔的日粮中除含有丰富的青绿饲料外，每日再搭配 100g 左右的种兔颗粒饲料，对保证种公兔营养的全面性很有必要。在配种旺季或种公兔配种负担过重时，还应适当增加喂量或每天添加 10~20 粒煮黄豆。只有这样才能使种公兔始终保持旺盛精力、健康体质和良好精液品质，从而保证配种任务的完成。但应注意饲料的品质，不能喂给体积过大或水分过多的饲料，特别是幼兔，如果全部喂给豆科或大量多汁饲料，不仅增重慢、体重小，而且品质差、性欲低，最后只能退出种用。

（5）青年公兔若日粮中的维生素含量不足，则会影响生殖器官的正常发育，甚至造成睾丸组织退化、性成熟推迟。此阶段饲料中应及时补给青草、南瓜、胡萝卜、大麦芽、菜叶等饲料。试验数据显示：在青年公兔的日粮中，如长期缺乏青绿饲料会推迟性成熟时间，而且精液中的精子数目也较少；即使从各方面加强营养，也要花很长时间才能调正过来。

2. 饲料来源要稳定

（1）种公兔的日粮，除了应注意营养全面外，还要注意来源的长期性和稳定性。因为精细胞的发育是一个较长的过程，因此，其对营养物质的需要也是一个长期的过程；而且相关研究结果证明，饲料的变动对精液品质呈负相关，如想要通过调整优质饲料来提高对精液品质不佳的种公兔的精液品质时，需要 20 天以上的时间才能见效。因此，喂给种公兔的饲料，即要因地制宜、就地取材，又要选用营养价值高、易消化、适口性好的饲料，且应确保饲料来源的长期稳定。另外，种公兔日粮中还要注意补充矿物质饲料，每天应在精饲料中加入 1~2g 食盐和少量蛋壳粉或蚌壳粉等。

（2）如采用集中配种时，应在配种前 20 天就注意调整种公兔日粮的配方，并相应增加饲料用量。如种公兔每天早、晚配种 2 次，须增喂日粮 25%，并在日粮总量中多增加 30%~50% 的精料；同时，根据配种的程度，适当增加动物性饲料，以改善精液的品质，提高与配效果。

3. 生活环境要舒适

（1）种公兔笼位应宽大、位置适中，以方便配种操作，并注意光线充足。

（2）公兔笼应与母兔笼保持一定距离，不宜与母兔笼位相邻，以免异性刺激，影响性欲。

（3）公兔笼应经常消毒，保持清洁卫生，防止发生生殖器官疾病。

（4）种公兔在秋季换毛季节的体质较差，应减少配种次数，以免影响种兔健康和受胎率。

（5）种公兔应 1 笼 1 兔，以防互相咬斗。

（6）配种时，应将母兔捉入公兔笼内，否则，可能引起公兔拒绝配种。

4. 公兔使用要科学。

（1）应合理搭配兔群的公、母比例，一般种兔扩繁场应为 1∶5，商品兔生产场则以 1∶（8~10）为宜。

（2）合理安排公兔的配种计划。青、老年兔一般安排 1 天配种 1 次，使用后须休息 1 天；壮年公兔 1 天内可交配 2 次，用 2 天休息 1 天。如果连续使用，不予休息，就会降低公兔配种能力和使用年限。

（3）禁止在一个配种季节过度使用同一公兔，或由于公兔数量过多，致使部分公兔较长时间闲置不用等现象，避免造成配种效果下降或引起公兔性欲下降、发胖早衰，甚至失去种用价值。

（4）按照预定的选配计划，合理安排配种时间，并且要做好配种记录，严防乱配，以免使整个兔群品质退化。

（5）不得使用未达配种年龄的公兔来配种。如过早用来配种，会影响其生长发育，造成早衰；对初次参加配种的青年公兔，可实行隔日配种法。

（6）在繁殖季节，公兔应至少在1周内使用1次，并应实行重复交配，保证配种效果。

（7）应防止青年公兔过早偷配或使用外生殖器有炎症的公兔配种。

二、种母兔饲养管理

种母兔是长毛兔兔群的基础，也是扩大兔群、增加生产的重要前提。由于种母兔在空怀、妊娠和哺乳等3个阶段中的生理状态有明显的差异，因此，在饲养管理上应分类处理。

（一）空怀母兔饲养管理

（1）空怀期母兔是指生产母兔的空怀阶段，其饲养管理的目标是保持中等体况、健康体质和正常发情周期。由于母兔在哺乳期消耗大量体内营养，身体比较羸弱，为使其尽快恢复体力，保持后续正常发情和配种怀孕，日粮应以600~800g优质青饲料为主，搭配50~100g精料补充料，以快速补充母兔在妊娠、哺乳期的营养消耗。

（2）在实际生产中，年产4胎的种兔，每胎的空怀期为10~15天；而年产7胎的种兔，只能在母兔断奶之前配种，断奶之后接着就是妊娠期，就没有空怀期；而不注意空怀期的饲养管理，往往造成母兔不发情、受胎率下降，甚至影响胎儿的发育。

（3）如母兔空怀期饲养过瘦，可导致激素分泌减弱、卵子发育不良，从而造成屡配不孕和长时间空怀；而空怀母兔过肥，同样给配种繁殖带来不良影响。因此，要随时注意空怀母兔的体况和健康状况，随时调整日粮，保证正常发情和适时配种。

（4）在管理上，应严格实行单笼饲养，防止母兔跑出笼外与公兔乱交乱配，或母兔间相互爬跨而导致"假孕"，影响正常繁殖和母兔健康。

（二）妊娠母兔饲养管理

妊娠母兔在饲养管理上主要是供给母兔全价营养物质，加强护理、防止流产，保证胎儿正常发育。其重点应做好以下几个方面。

1. 合理配制饲料

母兔从与配到产仔的这一段时间为妊娠期，一般为 30～31天。目前业内普遍以受孕后 20 天为界，将母兔妊娠期分为前、后两期。也可根据胎儿的发育规律，将妊娠期分为胚期、胚前期和胎儿期等 3 个阶段，其中，1～12 天为胚期；13～18 天为胚前期；19 天以后至分娩为胎儿期。

在妊娠期间，母兔除维持本身生命活动外，还有胚胎、乳腺发育和子宫增长、代谢增强等方面都需要消耗大量的营养物质。因此，母兔在妊娠期间，特别是怀孕后期能否获得全价的营养物质，对胚胎的正常发育、母体健康以及产后的泌乳能力关系密切。

妊娠期饲养管理的优劣将直接影响母兔的产活仔数、仔兔初生窝重及仔幼兔的存活力。据测定，如体重为 3kg 的母兔，妊娠期胎儿和胎盘的总重量约为 660g，其中，干物质为 16.5%、蛋白质 10.5%、脂肪 4.3%、矿物质 2%；另据对妊娠期胎儿的蛋白质含量测定，当胎儿发育到 21 日龄时，机体的蛋白质含量约为 8.5%；到第 27 日龄时为 10.2%；初生时仔兔的蛋白质为 12.6%；而到出生时，一般新生仔兔的体重可达到 45g 以上，折合蛋白约为 5.5g；如按胎产 6 仔计算，蛋白质总量达 33g，由此可知母兔妊娠期对营养物质、特别是蛋白质的需求。另外，母兔妊娠期如能量水平过高，不仅可减少产仔数，还可导致乳腺内脂肪沉积、产后泌乳量减少，因此，应注意妊娠期母兔日粮的合理配制。

母兔妊娠的胚期和胚前期以细胞分化为主，胎儿发育较慢，增重仅占整个胚胎期的 1/10 左右，所需的营养物质不多，因此，在妊娠前期可基本维持空怀期日粮的水平和结构，但应注意饲料质量和营养平衡；如妊娠前期营养水平过高，反而会使胚胎早期死亡。妊娠后期（20 天以后）的胎儿处于快速生长发育阶段，其增加的重量相当于初生重的 90%；胎儿的生长强度大，相应的营养需要也多，因而在妊娠后期应逐步提高日粮的营养水平和日喂量，所供给的饲养水平应为空怀母兔的 1.2～1.5 倍，特别是粗蛋白应达到 16% 以上，以保证胎儿快速生长对营养的需要。妊娠后期还应增加精饲料的供应量，同时，特别注意蛋白质、矿物质饲料的供给。妊娠 28 天后，母兔表现食欲缺乏、采食量减少，宜喂给适口性好、易消化、营养价值高的饲料，以避免绝食和防止酮血症发生。

2. 调整饲喂方式

妊娠母兔的喂料方式不能沿用定时定量的模式，而应根据妊娠母兔的具体情况，采用自由采食的方式进行饲喂，具体方法有先青后精、逐步加料和高水平饲养等 3 种。

（1）先青后精。对于膘情较好的妊娠母兔宜采用"先青后精"的饲养方法，这种方法一般使用在妊娠前期的第 1～12 天，此时妊娠母兔的日粮以青绿饲料为主；随着日龄的增加，妊娠后期适当和逐步增加精料喂量。

（2）逐日加料。对于膘情较差的母兔，可以采用"逐日加料法"，即从妊娠开始，母兔除了喂给充足的粗饲料外，还应补喂混合精料，以利于膘情的恢复和满足胎儿生长发育的需要。这样既可保证胎儿的正常生长，又可满足母兔自身生理活动的需要。而在合理补饲的情况下，妊娠期母兔和胎儿同时生长，体重增长也较快，一般可比空怀时增重 500g 以上，仔兔的成活率也高。

（3）高水平饲养。饲喂全价颗粒饲料的兔场，妊娠前 15 天将每天日粮饲喂量控制在 150g，15～20 天逐渐增加喂量 5g/天，20～28 天基本自由采食，28 天至分娩根据食欲酌情喂料。对膘情较差的母兔，其在空怀期、妊娠期的营养水平应略高于其他母兔，以满足母兔自身和胎儿生长发育的需要，防止流产和死胎。

妊娠期母兔的日粮不仅在数量上应充分保证，而且在质量上也必须优质，要求营养好、体积小、易消化，切莫饲喂发霉、腐烂、变质和冰冻饲料，否则，易造成死胎、弱胎和流产。尤其是在妊娠后期，应根据胎儿的发育情况逐步增加优质青绿饲料，并需应补充豆饼、花生饼、豆渣、麸皮、骨粉、食盐等含蛋白质、矿物质丰富的饲料；此时妊娠母兔的喂料量每天应控制在 140～180g；如以青粗饲料为主，补喂精料时，精料量应控制在 100～120g；饲喂时应注意视母兔消化和膘情而定，不可突然加料，以免引起母兔消化不良。

总之，无论采取何种饲养方式，到临产前 3～5 天应多喂鲜嫩青饲料、适当减少精料，并注意饮水，以防便秘或发生乳房炎。在临产前 1～2 天还应根据母兔的体况和乳房充胀情况，及时调控精料给量，以防产后母乳分泌过快、过多，导致母兔发生"乳结"；或因母乳分泌过迟、过少，仔兔吃不饱而咬伤乳头、诱发乳房炎。

3. 保胎防流

妊娠期管理的中心任务是保胎防流。母兔受孕后 15～25 天这段时间，是母兔流产高发期，预防流产的具体措施如下。

（1）供给妊娠母兔营养丰富的全价饲料。在满足妊娠母兔营养需要的前提下应实行限制饲养，防止母兔过肥，保持母兔较好的繁殖力，减少胚胎在附植前后的损失；其中蛋白质、矿物质、维生素应同时补给，不可单一；饲料应柔软易消化，不喂发霉变质和有毒冰冻饲料；冬季应给长毛兔饮温水，以减轻对怀孕母兔的刺激；每天喂料时应先喂妊娠母兔，尤其是妊娠后期的母兔。

（2）加强管理。母兔交配7天后应马上采用摸胎的方法进行妊娠检查；摸胎时动作要轻柔，已断定受胎的种兔尽量不要再触及其腹部；妊娠母兔应单圈饲养，尽力保持兔舍的安静；妊娠期、特别是妊娠后期禁止采毛；随时观察怀孕母兔的健康状况及体质变化；妊娠20天以上母兔应尽量避免捕捉，必须捕捉时应保持母兔安静、温顺，使用双手操作，一手抓颈部一手托臀部，轻捉轻放，保证不使母兔身体受到冲击。另外，兔舍须设有防止狗、猫袭击的设施；兔舍应经常消毒，保持笼舍清洁干燥，防止潮湿污秽和各种病原的侵入；非特殊情况下应进行疫苗注射和进行体外寄生虫、皮肤病等的预防和治疗。

（3）对于妊娠15天后的母兔，可采用以下药物预防流产。

推荐处方一：南瓜蒂若干个，煎水拌入饲料饲喂母兔。

推荐处方二：白术安胎散，炒白术6g、当归6g、砂仁4g、川芎4g、白芍4g、熟地4g、党参4g、炒阿胶5g、陈皮5g、苏叶5g、黄芩5g、甘草2g、生姜3g为引，煮沸取汁，候温后拌入饲料饲喂。

推荐处方三：黄体酮，每只兔1~2mg，肌内注射。

4. 做好产前准备

规模兔场母兔大多是集中配种、集中分娩，因此，最好在产前将兔笼进行调整，将怀孕已达25天的母兔调整到同一兔舍内，以便于管理；根据预产期，提前3天准备好产仔箱，先清理、消毒、日晒，然后铺上柔软的垫草，放入母兔笼内。产仔箱内的垫草应随气温变化情况调整放置数量，但不能不放。兔笼和产箱要进行彻底消毒，消毒后的兔笼和产箱应用清水冲洗干净，消除异味，以防母兔乱抓或不安。消毒好的产箱应及时放入笼内，让母兔熟悉环境，便于衔草、拉毛做窝。母兔一般在产前 1~2 天拉毛做窝，对于初产母兔产前或产后可人工辅助拉毛。选配母兔应在产前强制断乳。产房要有专人负责，冬季室内要保温，夏季要防暑、防蚊。

5. 分娩及产后管理

母兔临产前一般会减食，甚至出现停食、拉软粪和拉毛营巢等现象，此时应做好接产的准备，并保证充足的清洁饮水，冬季可供给温米汤或淡盐水；对超过预产期或胎动减弱的母兔，应及时注射催产素进行催产，以减少初生仔兔窒息死亡和因难产诱发生殖系统疾病。

母兔分娩以在黎明时分为主，一般产仔都很顺利，每 2~3 分钟产 1 只，15~30 分钟产完。个别母兔会产几只休息一会儿，有的甚至会延后至第二天再产，这种情况大多是产仔时受惊吓所致。分娩时要保持兔舍安静，最好在兔笼门上挂一块黑布遮光，避免惊扰。不要频繁出入兔舍，否则，会使其在产箱内惊恐不安或突然跳出产箱，将仔兔产到箱外。母兔产仔时应顺其自然，等它产完仔跳出产箱后，再将产箱端出，清除污染的草、毛和死胎，清点产仔数，增加垫草，做好记录；同时，应将准备好的饲料和饮水及时放入让其采食和饮用，因为母兔分娩过程失水很大，急需补充，如无饮水会咬伤甚至吃掉仔兔；生产中为了防止母兔食仔，可给母兔提供放了红糖或食盐的温水。

冬季分娩时应注意观察，防止母兔将仔兔产于产仔箱外而使仔兔受冻致死。母兔有临产表现时，应加强护理，防止仔兔产于箱外；对个别母性极差的母兔，应捉入不能自行出入的专制的巢内产仔，以防仔兔产在巢箱外冻死。应趁母兔出窝饮水、吃料时整理产箱，取出母兔拔下来的长毛，换上质量较差的短毛或其他干净而柔软、保暖力强的替代品，放回活仔兔后用母兔拉下的毛盖好，并将产箱放在能保温、防鼠的位置；同时，对产后不撕毛（母兔产时不拔掉腹部的毛）的母兔，应当人工拔毛，将其乳房周围的长毛拔光，这样既可以刺激乳腺泌乳，又便于仔兔找到乳头吮吸母奶。实践证明，母兔撕毛越多，泌乳越多，母性也越好；否则，泌乳较少，母性较差。

经常检查和维修产仔箱、兔笼，减少乳房、乳头被擦伤或刮伤的可能；保持笼舍及用具的清洁卫生，减少乳房或乳头被污染的可能。母兔哺乳时应保持安静，以防仔兔吊乳和影响哺乳。经常检查母兔的乳房、乳头，了解泌乳情况，如发现乳房有硬块、红肿，应及时进行治疗，防止诱发乳房炎。

（三）哺乳母兔饲养管理。

从母兔分娩到仔兔断奶，称为母兔的哺乳期，这一阶段一般为 28~42 天。哺乳母兔饲养管理的目标：一是为仔兔提供量多质好的奶水；二是维持母兔良好的体况和繁殖机能，以利下一轮发情与受孕。

母兔在哺乳期间，每天可分泌乳汁 60~150mL，高产母兔可达 150~250mL，甚至 300mL；兔乳的营养非常丰富，为各种家畜之冠，若与羊奶相比，兔奶的蛋白质和脂肪含量要高 3 倍多，矿物质高 2 倍多，详见下表。

表　兔奶与牛、羊奶营养成分比较　　（%）

类别	蛋白质	脂肪	乳糖	灰分
兔奶	10.4	12.2	1.8	2.1
牛奶	3.1	3.5	4.9	0.7
山羊奶	3.1	3.3	4.6	0.8

哺乳期饲养管理要点主要有以下几个方面。

1. 合理调节日粮

哺乳期间，母兔为恢复产仔的体能损失和维持自身正常生命活动与泌乳，每天需消耗大量的营养物质，尤其是蛋白质、能量和钙、磷等；而对母兔来说，这些营养物质的补充只能从日粮中获得。因此，哺乳母兔应增加饲料的饲喂量、供给充足的青绿饲料或块根块茎饲料，最高饲喂量可达空怀期的 4 倍，日喂配合精料或颗粒料 150~200g，而且饲料中的粗蛋白水平应达 17%~18%、消化能 11~12MJ/kg、钙 1.0%~2.0%、磷 0.4%~0.6%，并保证充足饮水。

应按照仔兔的周龄和体重，随时调整母兔饲料的用量。方法是在母兔产仔结束后，先将母兔和仔兔分别称重，以后的 3 周每周称重 1 次；若仔兔发育正常，则生后 1 周的体重可比初生体重增加 1 倍、第二周在第一周的基础上可再增加 1 倍、第三周又可在第二周的基础上增加 1 倍。此时，如果仔兔体重增长情况符合这个规律，但母兔体重膘情下降较多，这是母、仔兔生长的正常现象，但说明母兔的饲料还跟不上，必须马上增加营养丰富的饲料。另外，还可根据仔兔的粪便情况来调节，如前期仔兔所吃的乳汁大部都被吸收、粪尿量很少，这说明母兔的饲养比较正常；若产箱内仔兔的尿水很多，说明母兔所吃的饲料含水分过多；若仔兔的粪多，则属于含水分太少。针对这些情况，都应及时对母兔饲料进行合理调整。

2. 检查哺乳情况

应经常检查母兔哺乳情况。如果母兔的泌乳力较强，则仔兔吃饱奶后的腹部胀圆、肤色红润光亮、安睡不动；如果奶吃不饱，则仔兔干瘪、肤色灰暗无光，多乱爬乱窜，有的还会发出吱吱叫声。这时，应检查母兔是否有奶，如果有奶而不喂，可进行人工辅助喂奶，一般经过 3 天人工辅助喂奶后，母兔就会自动喂奶；如果母兔无奶，应及时喂给母兔豆腐浆、米面汤或红糖水及蒲公英等多汁饲料；也可喂给催乳片每日 2 次、连服 3～4 次；还可将活蚯蚓开水泡白、捣碎拌糖喂给母兔，均可奏效；若发现母兔乳头上出现红肿焦斑、乳房有硬块，就必须及时治疗，以免引起仔兔发生败血症或黄尿病等疾病。

此外，如发现母兔缺奶或奶多时，应及时调整母兔带仔数和饲料饲喂量；寄养仔兔时，应先将被寄养的仔兔放入保姆兔的产仔箱内，12 小时以后方可让母兔哺乳，以避免母兔识别出而被咬死咬伤。

3. 定时喂奶

据近几年的观察和实践，母兔产仔后的喂奶时间以 1 天 2 次、早晚各 1 次、中间相隔 12 小时为宜；也可在哺乳初期时 1 天定时喂奶 1 次，以后随着仔兔日龄的增加，母兔的哺乳次数也随之增加。

此外，在喂奶时应随时注意防止母兔患乳房炎，预防的方法是在哺乳初期应减少精料，补加青绿饲料，以后再逐步增加精料；同时，还应调整母兔日粮，力争使母兔少掉膘。一般是在产前 2～3 天喂以多汁饲料；等产后 3～4 天时每天喂给磺胺噻唑和苏打片，剂量根据母兔的大小，可投给 0.3～0.5g；苏打片每日 2 次，连喂 3 天，可减少乳房炎的发生。

在捕捉哺乳期母兔和仔兔时，操作要轻，防止造成母、仔兔的皮外伤，尤其是母兔乳房，以减少细菌感染引起脓疱、乳房炎等疾病；另外，母兔笼舍要清洁，产箱要保持温暖、干燥和柔软。

三、仔兔饲养管理

从出生到断奶这一时期的兔称为仔兔。根据仔兔的生长特点，习惯上又将其划分为睡眠期和开眼期两个发育期，睡眠期即为出生至睁眼（10～12 日龄）前的仔兔，其后为开眼期。

（一）仔兔生理特点

（1）身体发育尚不完全，对外界环境调节能力差、生命脆弱。

（2）睡眠期的仔兔，要到4日龄以后才逐渐长毛，期间眼、耳闭塞，看不到、听不见、跑不动，而且几乎不能自我调节体温。

（3）生长发育特别快，从出生到断奶，体重增加10倍左右。

（4）适应能力和自我保护能力极差，容易受到环境温度、食物变化及有害生物等的伤害。

（二）睡眠期饲养管理

1. 保证仔兔早吃奶、吃饱奶、吃好奶

（1）尽早吃好初乳。初乳是指母兔产后3日内的乳汁，其水分含量少、蛋白质含量高，且富含磷脂、酶、维生素和矿物质等营养元素，特别是含有较高的具有轻泻作用的镁盐，有助于仔兔排泄胎粪。初乳中还含有高浓度的母源抗体，能增强仔兔免疫力，而且又是仔兔出生后在睡眠期维持生命和生长发育所需营养的唯一来源，因此，仔兔应在出生后的6~10小时吃饱初乳。

仔兔刚出生就会寻找奶头吃奶；母性强、奶量足的母兔，可一边产仔一边喂奶，待分娩完毕时仔兔已吃饱母奶、安睡不动了；吃饱奶的仔兔常表现：安睡不动、腹部圆胀、肤色红润、被毛光亮；而仔兔饥饿时会在窝内很不安静，到处乱爬，并发出吱叫声，头不时上窜寻找母兔奶头，且皮肤皱缩、腹部瘪小、肤色发暗、被毛无光；如经常吃奶不足或饿奶，不仅仔兔病多、而且死亡率也高。因此，在仔兔出生后6~10小时须检查母兔的哺乳情况，发现没有吃足奶的仔兔应及时让母兔喂奶，或查明原因后采取有效措施，保证仔兔早吃初乳、吃足初乳。如检查发现还没有吃到初乳的仔兔，应人工辅助让其尽快吃上初乳。正常情况下，仔兔1天吃奶1次，1周后才增加到1天吃奶2次。这一阶段的仔兔如果能早吃奶、吃足奶，则生长发育良好、体质健壮、生存力强。

（2）调整仔兔。母兔的乳头数一般为 8 个，因此，每窝仔兔的哺乳数以 6~8 只为宜，但母兔的产仔数有多有寡、差异较大，甚至一窝产 15 只以上也较为常见。多产母兔往往由于乳汁不足，造成仔兔营养缺乏、发育迟缓、体质衰弱，易患病死亡；而寡产母兔由于带仔较少、乳量充足，仔兔吸乳过量易导致消化不良、腹泻消瘦，甚至死亡。

因此，在生产实践中应经常检查仔兔生长情况，并根据母兔产奶的实际情况，及时调整哺乳仔兔数；当母兔带仔兔过多时可采用仔兔早、晚轮流各喂 1 次奶的方法来提高母兔产奶量，以弥补仔兔哺乳不足；当发现一窝仔兔生长发育差距悬殊时，应采取措施让体格小、发育慢的仔兔先吃奶，待半饱后再将体大的仔兔放进巢箱一起吃奶，经过数天后可使体格小、发育慢的仔兔逐步赶上平均体重；或实行寄养，将过多的仔兔寄给产仔期相近、品种相同或专门的保姆母兔代养；为防代养母兔感到异样气味而挤咬寄养仔兔，可在寄养仔兔身上涂擦代养母兔乳汁或尿液，也可在母兔鼻端涂点清凉油或大蒜汁，以消除异味；如果没有合适的代养母兔时，则应主动将发育不良、体质弱小的仔兔淘汰。

另外，当发生仔兔出生后母兔死亡或者要求良种母兔频繁配种、扩大兔群等情况时，可采取全窝寄养的措施；而在种兔纯繁时，则应采用直接淘汰弱仔的方法。

（3）强制哺乳。有些母性不强的母兔，尤其是初产母兔，产仔后不会照顾自己的幼仔，甚至拒绝给仔兔哺乳，在这种情况下必须及时采取强制哺乳措施。方法是将母兔固定在巢箱内，使其保持安静，将仔兔分别安放在母兔的乳头旁，嘴挨到母兔乳头，让其自由吮乳；或将母兔仰卧后，帮助仔兔固定乳头，让仔兔找到乳头吃饱后再放手。如此每日强制 2~3 次、连续进行 3~

5 天，母兔就能自主哺乳。

（4）人工哺乳。如果仔兔出生后母兔死亡或无奶或患有乳房疾病而无法喂奶，又不能及时找到寄养母兔时，可采用人工哺乳的方法哺育仔兔。成功开展人工哺乳的重要条件就是让哺乳仔兔能吃上 2～3 天其他母兔的初乳，然后哺以牛奶、羊奶或奶粉即可；哺乳工具可用玻璃滴管、注射器等在管端接一乳胶管即可；实施人工哺乳前，应先将牛奶、羊奶或奶粉作适当稀释、高温消毒后冷却到 37～38℃ 即可哺喂，每天 1～2 次。注意不要滴得过急，喂得过饱。

2. 防止仔兔吊乳

仔兔吊乳是养兔生产中的常见现象，主要原因是母兔乳汁少，仔兔因吃不饱而较长时间吸住母兔的乳头，当母兔离巢时将正在哺乳的仔兔带出巢外；或者是母兔哺乳时受到骚扰，引起惊慌离巢造成仔兔被带出巢外。被吊乳出巢的仔兔易受冻或被踩死，因此，要特别注意观察。当发现有吊乳出巢的仔兔时应马上将仔兔送回巢内，并查明原因，及时采取措施。

如出了母兔乳汁不足而引起吊乳的，应调整母兔带仔数或调整母兔日粮结构，适当增加精饲料，并多喂优质青绿多汁饲料，提高母兔的泌乳量；如果是由于管理不当而引起母兔惊慌离巢，则应改善母兔哺乳环境，保持母兔的安静；如果发现吊到外边的仔兔受冻时，应马上将受冻仔兔放在温暖环境内取暖，或将仔兔全身侵入 40℃ 温水中（仅露出口鼻，以便于呼吸）。一般情况下只要抢救及时、措施得当，大约 10 分钟后便可使仔兔复活，待皮肤红润后即擦干身体放回窝内。

3. 精心育好仔兔

（1）经常检查每次喂奶后仔兔吃奶情况，若个别仔兔没吃饱，需补喂 1 次；若大多数仔兔没有吃好，则可能是母奶少，应加强哺乳母兔营养，多喂青绿多汁饲料，并增加精料中蛋白质和维生素含量，保证其泌乳量充足。否则，仔兔因长期缺奶而体质羸弱和增加疾病。

（2）要经常检查母兔有无乳房炎，一经发现，马上对症治疗。

（3）要做好防寒保暖工作。睡眠期仔兔的窝温应保持在30～32℃，并应在产仔箱内放置吸湿性强、保温效果好、柔软、细腻、干燥的垫草。平时应做好检查工作，勤换、加厚产箱垫草，切忌用破棉絮、旧衣布等吸潮性差、易缠绕的物品铺垫仔兔巢箱；冬、春季舍内温度低于10℃时应做好仔兔巢箱保暖工作，而将仔兔巢箱相互重叠是简易、有效的保温方法。巢箱高度应不低于18cm，以防仔兔自行爬出巢箱；严防仔兔出走或母兔喂奶后因"吊奶"将仔兔带出产箱外。

（4）预防兽害，主要是鼠害。老鼠可将整窝仔兔拉走，或者是一窝仔兔被老鼠伤害1～2只后其他仔兔受到惊吓也很难成活，而1周内仔兔最易遭老鼠的侵袭。因此，要设法消灭老鼠，在鼠害严重的兔场，应注意产仔箱一定要严密，而且晚间应取出巢箱放到安全的地方，次日晨再放到母兔笼内吃奶。

（5）必须搞好卫生，坚持每日清扫、定期消毒；产仔箱要勤换垫草，保持清洁干燥，以给仔兔创造舒适的生活环境。

（6）防止仔兔发生黄尿病。1周内的仔兔易发生黄尿病，这是由于仔兔吮吸含有葡萄球菌的母乳发生急性肠炎所致，表现仔兔体软无力、皮色灰白无光泽，排出的黄色腥臭稀粪沾污后躯并很快死亡。防止该病主要在于母兔要健康无病、饲料卫生、笼内保持清洁通风，并经常检查仔兔的排泄状况，发现仔兔精神不振、粪便异常，立即采取防治措施。

（7）防止仔兔窒息或残疾。长毛兔产仔作巢时拔下的细柔长毛，受潮湿挤压后会结毡成块、难以保温；另外，由于仔兔的爬动会将细毛拉长成线条，如缠结在仔兔颈部，会造成仔兔窒息死亡；如缠结在腿部易引起局部肿胀、坏死而造成残疾。因此，应注意收集长毛兔产仔时拔下的营巢毛，改用平时收集的短毛或其他吸湿性强、保温效果好、柔软、细腻、干燥的垫草。

（三）开眼期饲养管理

从开眼到离乳（断奶）这段时间就称为开眼期。刚出生的仔兔眼睛是闭着的，一直要到 12 日龄左右才开眼，是家畜中开眼较晚的动物之一；大部分睡眠期仔兔生长到 11 天时眼睛已能睁开一条细线，至 12~13 天时，眼睛就能全部睁开；有少数仔兔或仅睁开一只眼、另一只有眼屎粘住时，必须及时用棉花蘸温水洗去眼屎，分开眼睑，否则，会形成大小眼或瞎眼。仔兔开眼的早晚与仔兔的发育密切相关，发育良好的仔兔开眼早；若仔兔在生后 14 天才开眼，往往体质较差、易生病，需加强护理。

仔兔开眼后的精神非常兴奋，会在巢箱内往返蹦跳，数日后即可自由出入巢箱；开眼期仔兔的体重日渐增加，母乳已不能满足需求，常紧追母兔吸吮乳汁，故习惯上又将开眼期称为追乳期。这一阶段的仔兔需要经历一个从以奶为主到以料为主的消化系统发育转变过程，因此，仔兔开眼期的饲养重点是补饲和断奶。

1. 及时补饲

（1）补饲意义。

① 补充营养，保证仔兔生长需要，提高仔兔断奶体重，促进毛囊发育。

② 帮助仔兔尽快学会采食配合饲料或颗粒料，促进仔兔消化系统发育，过好"断奶关"，减少断奶"掉膘"甚至发病死亡现象。

③ 通过在饲料中添加抗球虫、预防肠炎等药物，提高仔兔抗病能力，降低幼兔死亡率。

（2）补饲方法。

① 补喂饲料：长毛兔仔兔在出生后 16 天就可开始试吃少量

易消化而富含营养的精料，称为开食。开始可先喂给仔兔适口性好、易消化的嫩青草、菜叶等进行诱食；用于开食的饲料可以购买，也可自己配制，但必须是单独配制。其营养水平为：粗蛋白 18%~20%、消化能 11.0MJ/kg 左右、粗纤维 10%~12%，同时，必须添加含有必要的矿物微量元素和抗球虫病等药物的仔兔专用添加剂（预混料）；所用原料要新鲜、易消化，最好将补饲料加工成直径 4mm 左右的颗粒饲料。

② 补饲方法：诱食的方法是将仔兔补喂饲料在瓷盘内加少量开水拌成糊状，涂在仔兔嘴、鼻周围，让其舔食，1~2 次后仔兔便可主动采食补喂饲料，18 日龄后开始上食；补饲方法可采用单饲补食或随母补食，每天补饲 5~6 次；补喂饲料日饲喂量由每只平均 4~5g 逐渐增加到 40~50g；补饲初期应以哺母乳为主、饲料为辅，26 日龄开始应逐步转变成以饲料为主、母乳为辅，直到 35~45 日龄断奶；仔兔补饲期中，开眼期仔兔由于胃容量小、消化能力差、生长发育快，应特别注意少喂勤添、逐步增加、缓慢过渡的原则，尽量少给或不给青饲料，并及时供给清洁饮水和搞好笼具卫生，以保证仔兔采食补饲饲料和预防仔兔腹泻。

2. 适时断奶

长毛兔仔兔宜在 35~40 日龄断奶，但可视母兔泌乳情况、繁殖季节等要素采用 28~30 日龄断奶。仔兔断奶过早可影响发育，进而导致幼兔生长缓慢、成活率下降；而断奶太迟又因母乳自然减少、质量下降，对仔兔并无大益，还会影响母兔的繁殖成绩。断奶时应根据全窝仔兔的体质强弱采取不同的断奶方法。如果全窝仔兔生长发育均匀、体质健壮，可采用移母留仔的一次性断奶法，即在断奶日移走母兔、仔兔原巢留养 1 周后再转群上笼，以减少仔兔应激的发生；离乳母兔在断奶 2~3 天内，只喂青料、停给精料、使其停奶，以利发情与配种；若全窝仔兔体质强弱不一，生长发育亦不均衡，可采用强仔先、弱仔后的分批断奶法，即先将体质强的断奶、体弱仔兔继续哺乳数日后再视情况断奶的方法。

仔兔断奶成功的标准有两条，一是成活率应达到90%以上，二是断奶体重应达到品种标准。断奶仔兔体重越大，说明母兔泌乳量越足，母仔兔的饲养水平越高，这样的仔兔断奶后就越容易饲养、成活率也越高。

3. 强化管理

（1）日常管理。

① 仔兔开食后的粪便增多，应常换垫草，并洗净或更换巢箱，否则，仔兔睡在湿巢内，对健康不利。

② 经常检查仔兔的健康情况，察看仔兔耳色，如耳色桃红，表明营养良好；如果耳色暗淡，说明营养不良。

③ 如有条件，可在每次饮食后将母兔带到运动场适当运动。

④ 应养成仔兔定时吃奶、母兔定时放奶的习惯，以利于仔兔生长发育；一般应每隔12小时喂奶1次。

⑤ 仔兔在断奶时应做好充分准备，例如，仔兔断奶后所需兔舍、食具、用具等应事先洗刷和消毒，预先配制好断奶仔兔的日粮等。

⑥ 仔兔开食时应增加食盒，最好是采用长条形食槽，因为与母兔同笼吃食比较拥挤，体格小的仔兔就可能经常吃不到饲料；同时，还须开始训练仔兔饮水。

（2）人工开眼。对15日龄仍不能睁眼的幼兔，应用2%的硼酸水或眼药水滴在其眼缝上，浸润片刻后用两手指在眼缝两侧轻轻向外拉，即可使幼兔开眼。

（3）隔离饲养。

① 仔兔开食时往往会误食母兔的粪便，如果母兔有球虫病，就容易感染仔兔。

②为保证仔兔健康，最好使用可关闭通道的母仔联式笼、实行母兔与仔兔分笼隔离饲养，但必须保证母兔每隔 12 小时哺乳 1 次。

③从 18 日龄开始，每日定时让母兔哺乳 1~2 次，以保证母兔休息和仔兔充分采食补饲饲料；哺乳时可先将仔兔（带产仔箱）送入母兔笼内哺乳，或母兔进入补饲栏内喂奶。

④补饲栏以单层多栏式为好，每个栏的规格一般为 50cm×50cm×30cm，底部为漏缝竹板，顶部有遮盖，以防鼠、猫等兽害；一窝兔一栏，栏内应设食槽和饮水器。

（4）预防球虫。球虫病对母兔虽无太大影响，但母兔从粪便中排出的球虫卵囊，在一定的温、湿度条件下孵化成为孢子囊、沾污在饲料中，待仔兔吃到体内后就在肝脏或肠道上皮细胞内生存、繁殖，仔兔就会发生贫血、消瘦、消化不良、拉稀等症状，死亡率很高，预防球虫病成为了提高仔兔成活率的关键。因此，须保持笼内清洁卫生，做到粪便不积留；勤换笼底板，并用开水浇、日光晒等方法消杀卵囊；室内应保持通风干燥，使卵囊没有适宜的条件孵化成熟；饲料中经常混合预防药物以增加机体的抵抗力；如发现粪便异常，应及时采取药物防治。

（5）合理安排繁殖季节。根据各地区的饲料来源和气候变化情况，合理安排繁殖季节，使仔兔开食后有丰富的青绿饲料和适宜的气候条件，有利于提高仔兔的成活率。

四、幼兔和育成兔饲养管理

（一）幼兔饲养管理
幼兔是指从仔兔断奶至 3 月龄的饲养阶段。

幼兔是长毛兔生长发育的旺盛期，也是发病率和死亡率较高的时期。幼兔的饲养管理，重点在保证营养和精心护理两个方面。

1. 饲料方面

仔兔断奶后第一周，日粮中配合精料（即仔兔补饲料）所占比例应大于 80%，少用或不用劣质青粗饲料；随着幼兔日龄的增长，日粮中的精料比例可逐步下降，同时，改仔兔料为幼兔料，其中，粗蛋白水平应保持在 17% 上下。由于为害幼兔的主要疾病是各种类型的"肠炎"，故日粮中的粗纤维含量至关重要；如采用"全价兔料"喂兔，其粗纤维的含量应不低于 14%，如采用"精料加青料"喂兔，其配合精料中的粗纤维水平应不低于 12%。

2. 饲养方面

除要坚持少吃多餐、定时定量的原则外，不可突然更换饲料品种或大幅调整饲料比例；在食槽和饮水器的选型、设置上，应以便于多只幼兔同时进食和保证饮水为要。

3. 管理方面

幼兔可实行群养，按照性别、生长快慢和体型大小来分群饲养；饲养密度一般以在 55cm×75cm 的兔笼内饲养 4~8 只幼兔为宜；应避免兔舍内温差变化过大、潮湿或通风过大；注意保持笼具、饲料、饮水的清洁卫生；饲养人员须随时、尤其在早上喂食和打扫时仔细观察幼兔的采食、粪便及精神状态；及早做好疾病的防治和接种疫苗。

应在幼兔 60 日龄左右剪胎毛，因为 40~45 日龄断奶的长毛兔幼兔正处在换毛期，其新陈代谢旺盛、对营养物质需要较多，但其消化机能尚不能很好适应新的饲料，从饲料中获取的营养物质还不能满足幼兔的生长发育和长毛的需要，因此，不宜过早剪毛，以免造成死亡。冬春季应选择在晴朗、和暖的中午剪毛，剪后要注意防寒保暖、精心饲养、严防受冻，最好在其住处铺上一层厚实稻草。

（二）后备兔的饲养管理

后备兔是指 3 月龄后至初配前的青年种兔，又称育成兔或中兔；这阶段兔的采食量增加、生长发育快，抗病力也已大大增强，死亡率明显降低；此时如能给以良好的饲养条件，能增大长毛兔的体型和产毛量。在此期间，应根据后备兔的外形、生长发育速度、产毛性能等性状进行 1~2 次鉴定，把优良的后备兔编入种兔群，次等的编入产毛群，劣等的则予以淘汰。

后备兔饲养管理得好坏，可直接影响到种用兔的配种繁殖效果与品种优良性能的发挥。因此，在饲养方面，除要保证一定量的蛋白质（15%~16%）和钙、磷、锌、铜、锰、碘等矿物微量元素及维生素 A、维生素 D、维生素 E 的供给外，还应适当限制谷物类饲料的比例、增加优质青饲料和干青草的喂量，这不仅可降低饲料成本，还可在保证后备兔生长发育的同时避免种兔过肥而影响繁殖。幼兔的日粮构成可以 75~100g 精料补充料（颗粒料）加 500g 青饲料搭配。

管理方面，首先应对后备兔做好适时的分群上笼、实行单笼喂养，并保证较好的光照条件；应根据体重进行分窝，先每笼 3 只，再到每笼 2 只，直至 1 只；适时开展选种选育，及时淘汰不符合种用要求的后备兔；做好兔瘟、兔"出败"等疫病的预防接种和足癣、疥螨等疾病的定期防治；防止后备种公、母兔间早交乱配。

第三节　不同季节的饲养管理

长毛兔是一种弱小动物，其生命和生产活动受环境条件变化的影响较大，因此，对人的依赖性也较大。在生产实践中，随着季节的变化，与长毛兔生长生产息息相关的饲草饲料、环境要素以及病原微生物流行传播等都不相同。因此，抓好不同季节的饲养管理，充分利用有利季节增产增效，而在不利的季节条件下，通过人为改变，甚至创造一个良好的小环境，对长毛兔实行科学保护，以不断挖掘长毛兔的生产潜力。

一、春季

春季（3—5月）是母兔繁殖高峰和仔、幼兔存栏最多的季节；但在南方，此时阴晴不定、春雨绵绵，乍暖还寒、温差较大，也是疫病流行季节和兔病多发、仔幼兔死亡的高峰期。这主要是由于环境多变，仔幼兔难以适应，加之母兔经秋、冬季连续繁殖后，体质下降，所产仔、幼兔生命活力减弱等因素综合所致。因此，在饲养管理上应抓好防湿、防病。

春季的饲养管理需重点做好以下几点。

1. 合理搭配饲料

春季是青草萌发和快速生长期，此时的青草不但纤维少、水分含量高，也是植物病虫害的高发期；如过多饲喂这样的青草，不仅满足不了兔的营养需要，还易诱发多种疾病。此时的日粮应以精、粗料为主，特别是仔、幼兔，应尽量多喂兔子专用全价饲料，适当搭配青饲料，而且在搭配青饲料时最好掺喂适量的大蒜、葱、韭菜、车前草等有一定杀菌、除湿、健胃作用的青绿植物。同时，还应严格控制饲料的品质，对带有泥浆的水、发霉变质的饲料和堆积发热的青饲料、雨天刈割的青草等都不宜用来喂兔；对于淋湿的青草应经晾干后再喂。

2. 强化仔兔"补饲"

认真抓好仔兔的补饲工作，可显著降低春季幼兔的死亡率。因为这既可减轻母兔在繁殖盛期过后出现的体弱、奶水质量下降等对春产仔兔的不利影响，又可控制春季球虫病暴发造成的幼兔死亡。

3. 加强日常管理

春季因雨量多、湿度大，有利于病菌繁殖，因此，一定要搞好笼舍的清洁卫生，做到勤打扫、勤清理、勤洗刷、勤消毒，保持笼舍、食槽、饮水器的清洁干燥；当地面湿度较大时，可撒上草木灰或生石灰进行防潮和杀菌消毒；雨后收割的青饲料应晾干后再喂。

4. 重视疫病预防

春季是长毛兔发病率最高的季节，尤其是球虫病的危害最大，因此，每天应检查兔群健康情况，发现问题及时处理。对食欲不佳、腹部膨胀、腹泻拱背的兔须及时隔离治疗；同时，还应注意幼兔的防寒保暖及主要疫病的免疫接种和药物防治工作。特别是北方的春季，雨量较少、温度适宜，而且风沙较大、气候较干燥，应高度重视疫病防治工作。

二、夏季

夏季（6—8 月），我国大部分地区的气候特点是高温高湿，家兔因汗腺不发达，常因炎热而食欲减退、抗病力降低，对长毛兔生长极为不利，尤其对仔、幼兔的威胁更大，因此，在饲养管理上应注意防暑降温和精心饲养。

长毛兔夏季饲养管理要点。

1. 防暑降温

兔子缺乏汗腺，且被毛浓密，容易造成散热困难，在高温高湿环境不仅严重影响长毛兔的食欲，甚至还会导致中暑、死亡。因此，抓好长毛兔夏季的饲养管理，首要任务是根据各地条件、采用多种措施，做好防暑降温工作；夏季防暑降温的方法很多，生产中简单易行的方法主要如下。

（1）栽树种草。在兔舍南面和西面的一定距离栽种高大乔木和葡萄等藤蔓植物，以遮挡阳光，减少太阳对兔舍的直接照射；在舍间种植低矮的牧草，以降低地表散热。

（2）墙面刷白。不同颜色对光的吸收率和反射率不同，黑色吸收率最高，白色反射率最高。因此，把兔舍顶部、南面和西面等受到太阳光直接照射的墙面刷白，可以减少兔舍吸热。

（3）加强通风。如打开门窗，安装风扇等，还可以配合增加湿帘，加强通风效果。

（4）搭建凉棚。对于室外的架式兔舍，为了降低成本，可以利用柴草、树枝等搭建凉棚，以遮挡阳光、制造荫凉来降温。

（5）剪毛散热。入伏前可对长毛兔剪毛1次，必要时可以缩短养毛期1周；幼兔的头刀毛可以适当提前剪，以利于散热降温。

总之，兔舍应做到荫凉通风，不让太阳光直接照射到兔笼上；露天兔场要及时搭好凉棚，及早种植瓜类、葡萄等攀缘植物；但不提倡在兔舍内洒水或储水降温，较好的方法是在舍外利用藤蔓植物遮阳、舍内加大通风换气，必要时可在屋顶浇水降温。

2. 精心饲养

（1）合理喂料。饲料饲喂应在早、晚凉爽时进行，做到"早餐早，午餐少，晚餐饱，夜加草"，把一天的饲料尽量安排在早晨和晚上饲喂，让兔子吃饱、吃好。因为中午和下午气温高，长毛兔的食欲低、采食少。阴雨天还需预防腹泻。

（2）调整饲料配方。饲料配方要早作调整，适当增加蛋白含量，降低能量比例，尽量多喂青绿饲料；在饲养上，应实行青饲料为主、适当搭配精料的原则，并应注意饲料的适口性。

（3）降低饲养密度。饲养密度越大、产热也越大，越不利于防暑降温，所以降低饲养密度也是减少热应激的有效措施。一般每平方米地板面积商品兔的饲养密度由4~5只降到2~3只，同时，泌乳母兔要与仔兔分开饲养，定时哺乳，既有利于防暑，又有利于母兔的体质恢复和仔兔补料，并且可以预防仔兔球虫病。

（4）满足饮水。在夏季，长毛兔对水的需求是冬季的 2 倍，因此，水在夏季的作用非常重要。另外，为了提高防暑效果，可以在水中添加少量食盐，即可补充体内的盐分消耗，又可解渴防暑；为了预防消化道疾病和球虫病，还可以在水中添加一些药物。

3. 搞好卫生

夏季因蚊蝇多、病菌繁殖快，长毛兔易发消化道疾病和球虫病，因此，一定要搞好清洁卫生工作，特别是对饲料、饮水和环境等应予关注；平时对食槽及饮水器具等必须每天至少洗涤 1 次，笼舍要勤打扫、勤消毒；对饲料库房应予重点管理，防止饲料发霉变质或受到病菌污染；定期对饮水进行消毒；除搞好常规的清洁卫生等管理外，还应定期对全场进行清洁、大扫除和大消毒。

夏季，仔兔易感染球虫病，因此，应采用哺乳期母兔与仔兔分离的方法减少感染机会；哺乳期后应及时使用氯苯胍、球虫宁、球净等药物预防；另外，还应对粪便进行集中发酵处理。

4. 抓好配种

夏季的气温超过了长毛兔的温度适应范围，如果防暑不当，极易造成中暑，因此，除采用内环境智能控制的全封闭兔舍外，种兔在夏季一般应停止繁殖，让其休息、补养一段时间；有条件的兔场可为种兔安装空调、建造地下室或利用山洞、地下窖等进行防暑；但为了提高母兔的年繁殖能力，在"立秋"前后应抢配一批种兔。根据实际经验，在立秋前配种，不但受胎率较高，而且仔兔成活率也较高。因为所谓兔子的"夏季不孕"现象，实际上并不是发生在夏季，而主要表现在"金秋时节"，往往在9—10 月，母兔可能出现屡配不孕；如果错过夏末的"抢配"，

"夏季不孕"时间的延长会影响母兔的年效益。

5. 预防母兔乳房炎

夏季温度较高，病菌繁殖快，哺乳母兔容易感染葡萄球菌而罹患乳房炎，轻者表现母兔乳腺红肿、乳头结痂堵塞，造成仔兔吃不上奶、瘦弱；重者可引起仔兔黄尿病、死亡；母兔因滞奶、发炎使乳腺化脓而淘汰，给生产造成重大损失。

为了减少乳房炎发病率，可从以下几个方面进行预防。

（1）勤消毒。兔舍、兔笼、产箱等应经常消毒，垫草保持柔软、清洁。

（2）母兔产后注射抗菌消炎的长效针剂或连续几天口服抗生素。

（3）哺乳母兔饲料配方要合理，以保证乳汁充足，防止仔兔因饥饿抢食而咬伤乳头。

（4）看兔喂料。哺乳前、后期应少喂料，中期多喂料；做到既要让仔兔吃饱，又不能让母兔压奶或掉膘。

（5）应经常检查母兔乳腺，看有无红肿、损伤、化脓；对出现红肿者应及时进行局部注射抗生素消炎，连续3~5天；对乳头结痂堵塞者可除掉疤痂、挤出多余奶汁，然后采用过氧化氢清洗后涂抹红霉素软膏，并肌注抗生素，连续处理数天；对乳腺化脓者一般建议淘汰，特殊情况可采取外科手术处理。

三、秋季

秋季（9—11月），国内大部分地区天高气爽、气温逐步转凉，开始进入长毛兔的繁殖季节，此季的青、粗饲料仍较丰富，但青饲料已逐步老化、品种日趋单一，又是长毛兔的换毛季节，加上部分兔子可能受"夏季不孕"的影响，所以，此季无论是饲养还是管理，都要围绕着兔子早配、多配、多怀这个"中心"去做。

在饲养上应尽可能多供青绿饲料，尤其是胡萝卜、南瓜等含维生素丰富的饲料；在配合饲料、颗粒料中添加维生素 A、维生素 D、维生素 E。在管理方面，应重点观察种兔的发情变化，做好适时配种及产仔母兔与仔兔的养护工作。此外，不要忘记为马上来临的冬季备足、备好草、料，除做好干草等粗饲料的收储外，在适宜种植冬、春季牧草草种的地区，要按时播种黑麦草等优质牧草，并做好前期管理。

四、冬季

冬季（12 月至翌年 2 月），我国的主要养兔省区，大部分进入寒冷时节，气温低、日照短、缺乏青绿饲料；特别是寒冷对仔兔、幼兔的生活威胁较大，还会大幅度增加饲料消耗、影响增重。室温过低时，种兔的繁殖也会受影响。但只要搞好舍内保温工作，无论在南方或是北方，都可把冬季视为长毛兔繁殖、生产的"黄金季节"。

长毛兔冬季饲养管理的重点是防寒保暖和保持冬繁。

1. **防寒保暖**

兔舍防寒保暖的措施很多，如关闭门窗，在笼位上加盖塑料薄膜、加垫草，舍内加热，增加精饲料的喂量，以提高长毛兔的抗寒能力等。但因长毛兔尿中氨的浓度超过其他畜禽，其对环境的污染能力很大，因此，在采用防寒保暖措施时，千万要注意保证舍内有较好的通风、换气能力，以控制舍内空气中 NH_3 浓度不超过 30mL/L、CO_2 气体不超过 3 500 mL/L、H_2S 不超过 10mL/L。通风换气应以使用"地窗"为好，最好是通过地道；舍内忌潮湿时，仔、幼兔饲养最好集中到有加热装置或有较好保温条件的暖房内；勤换垫草，保证光照，供给充足的饲料和饮水。避免在最冷的时期剪毛，如确需剪毛时，应在笼内放一巢箱，内铺清洁的稻草或麦草，以便长毛兔在剪毛后保温。

冬季气温较低，昼夜温差大，而且由于保温使室内空气污浊潮湿，容易引起家兔患上传染性鼻炎；家兔感染此病后，轻者形体消瘦、被毛粗乱；重者发展成肺炎、肺脓肿致短期内死亡；特别是哺乳母兔患此病后采食量下降、泌乳量减少，造成仔兔发育不良或死亡。因此，冬季白天应通风，保持舍内空气清新干燥；舍内粪、尿需天天清扫以减少刺激性气味；气温骤降时，进行保温、加温预防感冒；多在晴天或天气暖和时进行消毒，杀灭细菌；饲料中应增加黑麦草、胡萝卜的饲喂量，以补充维生素；日粮应比其他季节增加 5%～10%，并适当增加一些高能饲料，定期添加中草药或抗生素，预防肠道传染病发生；发现病兔及时转移隔离或淘汰，杜绝传染源，净化兔群。

　　2. 保持冬繁

　　冬季气温低、光照时间短，严重影响母兔激素分泌和卵泡发育，造成母兔不发情，降低了养殖效益，针对这种情况建议采取以下措施。

　　(1) 白天应尽量增加日光照射面积，达到升温目地；15:00左右开始关闭门窗，减少热量流失；适当采取煤炉、暖气等加温措施；使用塑料大棚养殖时可通过调整草帘覆盖度进行保温成本较低，但应注意通风。

　　(2) 早晚用日光灯或灯泡进行补光，保持光照时间在 16 小时。

　　(3) 增加采食量以补充体内热量损失或饲料中适当添加油脂、增加热能。

　　(4) 提高全价料中维生素含量，特别是脂溶性维生素的含量，适当饲喂胡萝卜、苜蓿、白菜等青绿、多汁饲料。

　　(5) 空怀母兔的饲料中应添加特定的中草药，以调整母兔生殖器官活动、促进发情。

第四节　日常饲养管理操作技术

1. 免疫保健程序（推荐）

（1）种兔每4个月注射1次兔瘟、巴氏杆菌二联苗；春秋各注射1次伊维菌素进行驱虫。

（2）仔兔30日龄首次免疫兔瘟、巴氏杆菌二联苗，35日龄注射伊维菌素预防寄生虫病。

（3）幼兔50～55日龄第二次注射兔瘟、巴氏杆菌二联苗和伊维菌素。

（4）后备种兔转入生产种兔群时加强注射兔瘟、巴氏杆菌二联苗。

2. 捕捉技术

由于兔子的体型小、性情温顺，因此，不少人的提兔方法很随便，伸手抓住两只耳朵或兔子腰部皮肤，提起便走，甚至抓着后腿倒拉倒提，但这些方法都容易损伤兔子。因为光抓耳朵易产生疼痛使兔子挣扎，常常导致兔耳根折断、下垂；抓提背部皮肤易损伤皮下组织或内脏，影响健康；由于长毛兔具有挣扎向上的习性，倒提兔子还可能导致脑充血而死亡（图4-1）。

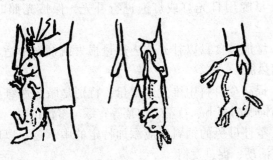

图4-1　错误的抓兔法

正确的捉兔方法：先顺毛抚摸，使兔子勿受惊，然后一手抓住双耳及颈部皮肤，另一只手迅速托住兔子臀部，使其四脚朝向捉兔人的体侧或前方，轻轻抱起，并紧靠人体使兔子的体重大部分落在捕捉者的手上，这样既不伤兔，也可防止兔子在抓移过程中伤人（图4-2）。

图4-2 正确的抓兔法示意

群养或放养在运动场上的兔子，可使用特制的抓兔网兜，但在套捕时动作要轻，不要惊动兔群，当所要抓的兔子已单独或2~3只在一起时，就可举网把它罩住，然后速至网前用左手隔网抓住其毛皮，再用右手探入网内把它捉住。这种方法省时、省力、方便、安全（图4-3）。

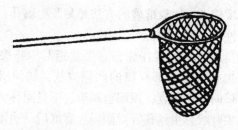

图4-3 抓兔网

3. 科学编号

常用编号法有耳标法和墨刺法两种。

（1）耳标法。预先在铝片上打印号码，一头留有小圆洞，另一头将铝片剪尖。

编号时，先确定性别，由一人固定仔兔，另一人将仔兔耳朵上缘靠近耳根部用碘酒消毒，用铝片尖端刺穿耳朵边缘皮肤，圈成环状固定即可。可按规定公兔穿在左耳、编单号，母兔穿在右耳、编双号，以便于管理。

（2）墨刺法。使用金属刺号钳，将要编的号码排列在钳子上，在耳内面中央血管分布较少处，先用碘酒消毒，然后将刺号钳夹住耳朵相应部位用力压紧，刺针即穿入皮内，再松开取下刺号钳，被刺部位涂上颜料，数日后被刺部位即呈现出蓝色号码。颜料可由市场购买，也可用食醋磨墨汁替代，能长久保持颜色不变。

4. 性别鉴定

（1）仔幼兔性别鉴定。断奶前、后的仔幼兔，其外生殖器，尤其是公兔的睾丸、阴囊、阴茎等生殖器官尚未发育完全，从体外难以识别公、母；但在进行种兔选留、淘汰或作科学试验时，都需辨明其性别，因此，掌握识别仔、幼兔公母性别这一实用技术，是完善饲养管理的基本要求。

① 初生仔兔：主要根据阴部的孔洞形状和距肛门远近来区别，但操作难度较大。比较准确的方法是翻开生殖孔，观察突起的形状来鉴定性别（图4-4）。

具体方法：用双手轻握仔兔，右手食指与中指夹住仔兔尾巴，左右手的拇指轻压阴部开口的两侧皮肤，如伸出圆筒状突起、生殖孔开口向上而垂直、顶端呈圆形、下呈圆柱体者是公兔；如阴部成尖叶状、生殖孔开口倾斜、靠肛门一边不突起，顶端前联合圆、后联合尖者的为母兔。

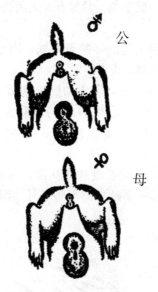

图4-4 初生兔性别鉴定

②断奶幼兔：主要观察外生殖器，操作时将小兔头、腹朝向检查者，用手轻压阴部开口处两侧皮肤，母兔呈"V"字形，下边裂缝延至肛门，没有突起；公兔呈"O"字形，并可翻出圆柱状突起。

③阉公兔：让兔子自然伏地或头朝上提起，然后朝向肛门方向挤压下腹部，始终只见阴囊而摸不着睾丸者，不是阉公兔便是隐睾兔；阉公兔在阴囊上可找到刀痕。

（2）后备兔性别鉴定。后备兔分笼前必须要进行性别鉴定。

鉴别方法：右手提住兔的后颈部皮肤，左手食指和中指夹住尾巴，轻压尾部开口的两侧皮肤，如看到伸出圆筒状突起，生殖孔开口向上而呈垂直状的是公兔；如果伸出的突起不明显，生殖口开口呈尖叶状，并向肛门方向倾斜的为母兔。

（3）中年兔、成年兔。只要看有无阴囊，便可鉴别公、母。

5. 年龄鉴定

（1）方法。长毛兔的年龄可根据后脚爪的颜色和趾爪的长度、弯曲度及牙齿和皮肤来鉴定。

① 按后脚爪的颜色：正常的趾爪基部呈粉红色、尖端呈白色。按照长毛兔的生长规律，1岁的长毛兔，其趾爪的红白色长度相等；1岁以下的青年兔，其趾爪红多白少；而1岁以上的成年兔则白多于红。

② 按长毛兔趾爪的长度和弯曲度：青年兔的趾爪隐藏在脚毛内，老年兔则有一半趾爪露出脚毛外，而且爪尖勾曲（图4-5）。

青年兔爪

老年兔爪

图4-5　兔的趾爪年龄鉴定

③ 牙齿和皮肤：青年兔门牙洁白、短小而整齐，被毛一致、皮板薄而紧密；老年兔门齿黄褐色，长而厚，时有破损，皮板厚而松弛，被毛的上半节为粗毛，下半节为细毛。

（2）标准。

① 青年兔：趾爪平、直、短而藏于脚毛之中，颜色红多白

少；眼睛明亮有神，毛皮光滑紧凑且富有弹性；门牙短小、洁白而整齐。

② 老年兔：趾爪粗长、弯曲变形，颜色基本为米黄色，仅在根部可见红色；眼神无光，门齿暗黄，排列不整齐，边缘有磨损；皮厚而松弛，肉髯肥大，行动迟缓。

③ 壮年兔：1 岁左右的壮年兔，上述特征介于青、老年兔之间。

6. 种用年限

繁殖期公母兔的比例应为 1：8，最佳利用年限母兔为 2 年、公兔为 3 年。因此，在生产中应留足后备种兔，及时淘汰老龄种兔并补充 1 岁以上的种兔。

7. 采毛

长毛兔一般在出生 3 个月后即可采毛，采毛的方法有梳毛、拔毛和剪毛 3 种。适宜的采毛方法和合理的采毛时间，不仅能提高兔毛的产量和质量，还有利于种兔的配种繁殖（采毛有促进母兔发情和受孕的作用）。适当缩短采毛的间隔时间（如改年采毛 4 次为 5 次），还可增加年产毛量。不同的采毛方法，对兔毛纤维的细度和等级有较大影响，一般粗毛型兔宜采用手拔毛，绒毛型兔则以剪毛为好；青年兔一般采用剪毛，成年兔可采用拔毛。

（1）梳毛。梳毛是饲养长毛兔的一项经常性工作，一般在仔兔断奶后即可用金属梳或木梳开始梳毛，以后每隔 10～15 天梳理 1 次，其主要目的是防止兔毛缠结、提高兔毛质量，同时，也是一种积少成多收集兔毛的方法。梳毛前，如遇兔毛缠结，可用手扯开，撕不开的毡块，可用剪刀剪掉，然后再梳理。梳毛的顺序是先颈后及两肩，再梳理背部、体侧、臀部、尾部及后肢，然后提起颈部皮肤依次梳理前胸、腹部、大腿两侧，最后梳理额、颊及耳毛（图 4-6）。

（2）拔毛。拔毛又称作拉毛，方法是用食指、拇指、中指，

图 4-6 梳毛顺序

将长毛一小撮一小撮拉下来。未成熟的毛不可强行拉毛，也不可一次拉完，要分几次。适用于春秋季节，优点是能够取长补短、便于分级，而且拔下的毛比剪下来的毛较长，重量大。

拔毛又可分为全拔和拔长留短两种，幼兔一般须达到 3 月龄才可拔毛；拔毛前 10 天应加强营养，多喂些蛋白质含量高的精饲料，以增加毛的光泽度。强壮的成年兔可 1 个月拔 1 次，拔长留短；孕兔可在分娩前 7 天或产后 10 天拔毛，哺乳母兔不可采拔腹部的毛；拔毛时宜一小撮一小撮轻拔。拔毛既可提高兔毛质量，还可提高产量，拔长留短还可提高优级毛产量。

（3）剪毛。剪毛的优点是速度快、省时间，对幼兔、母兔无不良影响。剪毛应先背部，后两侧、头、臀、腿，最后是胸、腹等部按次序剪；操作时应绷紧兔皮，贴肤剪毛，但注意不要伤及乳头、睾丸和皮肤。冬季应留毛稍长些，以利保温。据资料记载，在剪毛后第一月内用软毛刷每天刷拭皮毛，可促进皮肤代谢、加速毛的生长。种兔剪毛时需要记录各部分毛的重量、等级以及品质，分析兔毛长度、强度、细度及延伸度和色泽度等。

（4）采毛注意事项。

① 一般间隔 70~90 天剪 1 次：采毛时应做到分级剪毛或拔毛，分级包装，分级存放，以错开销售等级，提高养兔效益。

② 剪毛时不可伤及兔子皮肤，应尽量避免剪破兔皮或粗暴拔毛，尤其是母兔乳头部位；万一失手伤到皮肤，应立即擦碘酒消毒、止血。

③ 不剪二茬毛（二刀毛），以免降低兔毛等级。

④ 边采毛边分级，按级存放和保管。

⑤ 按季节采用不同的采毛方法：一般夏季宜剪、冬季宜拔，妊娠母兔应留下腹毛。

⑥ 夏季采毛应选早、晚时间和在凉爽的地方进行。

⑦ 采毛器械应注意消毒：病兔剪毛时必须单独进行，以防皮肤病及其他传染病传播。

8. 妊娠检查

配种后 10 天左右可隔着腹壁摸到胚胎。摸胎时，一手抓着兔耳和颈皮，头朝向检查者；另一手做"八"字形沿母兔腹壁、由前向后轻轻摸索，如摸到可滑动、形似小弹珠的肉球，便可确诊妊娠。15 天时可摸到好几个连在一起的小肉球，20 天时可摸到成形的胎儿。

摸胎时应注意区别粪便和胚胎，胚胎在 10~15 天时呈圆球形，15~20 天时呈椭圆形，且柔软有弹性，位置也较固定，多数分布于腹部后侧两旁；粪粒则呈扁椭圆形，硬而缺乏弹性，散布面较广、有粗糙感。另外，摸胎时切勿把母兔提起，动作要轻，以免造成流产（图 4-7）。

9. 去势

为了便于饲养与管理，对 1~3 月龄的非留种公兔进行阉割，可使其性柔和驯良。常用的去势方法有阉割和结扎两种。

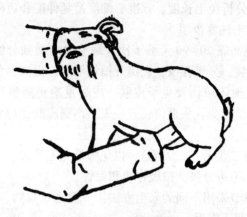

图 4-7　摸胎姿势

（1）阉割法。阉割时，将兔的腹部朝上，固定其四肢，操作者将睾丸由腹腔处挤入阴囊，捏紧后先用酒精、再用0.1%红汞消毒切口处，然后用经过消毒的手术刀将阴囊切一小口，用手挤出睾丸、割断精索、摘除睾丸，在切口处涂上红汞消毒即可。

（2）结扎法。按阉割法的操作步骤，将睾丸捏住，用粗线将睾丸连阴囊扎紧，使血液不能流通，几天后即自行坏死脱落。

第五章 兔舍场址的选择及笼舍的设计

兔舍、兔笼是发展养兔的基础设备之一，因此，不论是规模兔场还是专业养兔户，都应当进行科学的探讨、选择与设计，使场址的选择和兔舍建筑、饲养设备等都要符合兔子的生活习性和科学饲养的要求，从而提高其生产效能，取得理想的收益。

第一节 场址的选择

一、选址要求

首先必须满足在城市规划的大前提下，按照长毛兔养殖的技术要求进行兔舍建设的选址，选址应满足以下的条件。

1. 地势、地形

兔场应选在地势高燥、背风向阳、有适当坡度、地下水位低、排水良好的地方，要求光线充足、利于通风，交通、水电便利，远离污染源。平原地区，兔场场址应选择比周围地势稍高的地方；在山区建场，应选择在稍平的缓坡地的半山腰，并避开断层、滑坡、塌方等地段；山沟底、谷底、河道内都不宜建场，以免遭受洪水、泥石流等自然灾害，给兔场带来灾难。所选场址的地下水位应在 2m 以上；为便于排水，兔场地面要平坦或稍有坡度（以 1%~3% 为宜）。地形要开阔、整齐、紧凑，不宜过于狭长或边角过多，利于建筑物布局和建立防护设施。可利用天然地形、地物（如林带、山岭、河川等）作为天然屏障和场界；如在水田、沼泽地区建兔舍时，必须填高地基，并开好排水沟，以保持地面干燥，以利于长毛兔的饲养繁殖。

兔场的占地面积依据兔的生产方向、饲养规模、饲养管理方式和集约化程度等因素确定。在设计时，既应考虑不占或少占耕地，又要为今后发展留有余地。如果以 1 只基础母兔及其仔兔占 $0.8m^2$ 建筑面积计算，兔场的建筑系数约为 15%，500 只基础母兔的兔场需要占地约 $2\ 700m^2$。

饲草饲料是养兔的物质基础，对具有一定规模的兔场或养殖大户来说，草和料用量较大，如饲草饲料全靠外地调入，必将增加养兔成本，而且也不安全。因此，在选址时场址周围要有一定面积的可耕地，供种植饲草、饲料。

在选择场地时，还应考虑饲养规模和发展，为今后扩群留有余地。

2. 地质土壤

长毛兔养殖要求土质透气透水性强、吸湿性和导热性小、质地均匀、抗压性强；由于沙壤土类的土质兼具沙土和黏土的优点，既有一定数量的大孔隙，又有多量的毛细管孔隙，而且透气透水性能好，雨后不会泥泞，易于保持适当干燥，且导热性差、有良好的保温性能，还可防止病原菌、寄生虫卵和蚊蝇的生存和繁殖，因此，一般以沙壤土类最为理想；不宜在含有机质多的土壤上建兔舍，更不能在黄土、黏土上建兔舍；因为有机质不断分解产生有害气体，如氨气等，会污染空气、水源及土壤，对兔健康不利；黏土透水性差，遇雨泥泞，冬季水分冻结，土壤体积膨胀，影响建筑物的寿命。同时，还应避开地质断层、滑坡、塌陷和地下泥沼地段。

3. 气候环境

兔场所在地应有较详细的气象资料；环境应安静，具备绿化、美化条件。无噪声干扰或干扰少，无污染。此外，不可把兔场建在山坳处及易形成涡流的地方，因为这些地方小区内空气难以流动，空气污浊，疫病容易流行。兔场周围无化工厂、造纸厂、制革厂等污染源和屠宰场、石子场等噪声源。

4. 水源、水质

应有充足、清洁的水源以保证供给长毛兔饮水、饲养管理和清洁卫生用水、饲料种植和调制用水，要求水源充足、水质符合饮用水标准。水源以自来水、泉水、井水比较理想，其次是流动的江河水，禁用死塘水和被工业及生活污水污染的江、河、湖水；如迫不得已使用时，应注意消毒。因此，在筹建兔场时，应勘测水源、水质，并把设立供水系统纳入建场（舍）规划和设计。这样才能保证兔场用水的要求，确保长毛兔的健康和生产力的不断提高。如果只满足水量的要求，而不重视水质及其卫生标准，水中含有过多的杂质、细菌、寄生虫卵，会导致家兔患病，危及人、兔健康。在无法获得天然清洁水源的情况下，需要打井取水，以供生产和生活所需。

5. 交通

兔场场址应选择在环境安静、交通方便的地方，距离村镇应不少于500m、交通干线不少于300m、一般道路不少于100m以上；应避开风景名胜区、自然保护区的核心区和缓冲区，与其他养殖场及屠宰场、医院、学校等人口稠密的区域距离1 000m以上；兔场要有专用车道直达，路宽要能会车，路面硬化且满足最大承载，便于草料、物资、粪肥及销售车辆的进出。

6. 电源

场址应靠近输电线路，电力安装方便，不仅要保证满足最大的电力需要量，还要求常年24小时正常供电；最好是有双路供电条件，必要时还应自备发电机组。

7. 卫生防疫要求

应建在居民区 500m 之外，处于居民区的下风向方，地势应低于居民区，并且远离居民点的排污口，尤其是远离学校、医院、部队、化工厂、屠宰场、制革厂、造纸厂、牲口市场等1 000m 以上，并处于它们的平行风向或上风方向。兔场内兽医室、病畜隔离室、贮粪池、尸体坑等应位于兔舍的下坡及下风方向，以避免场内疾病传播。

二、建设原则

1. "人兔分离、独立建圈、循环利用"的原则

兔舍建设必须将人的住房与兔舍分开，以免人畜共患病的发生；同时，配套进行兔粪废弃物循环利用的设施建设，使养殖产生的粪污能及时得到处理和利用，确保环境卫生。

2. "整体打造、综合示范、适度集中、严格防疫"原则

在建设中应着力发展适度规模养殖户或联户建设养殖小区，并严格按照防疫要求进行修建。

3. "因地制宜、科学规划、合理布局"的原则

建设前由专业技术人员进行规划，并在专业技术人员指导下开展兔舍的建设工作。

4. "农户自愿、量力而行"的原则

圈舍规模由农户根据自身条件（经济条件、身体条件以及自身养殖基础）进行选择，特别是修建兔舍投资较大，不能因为发展项目使农户承担过重的经济压力。

三、建筑布局

兔场布局应从人和兔的保健角度出发，按其功能和特点不同，可分为行政生活区、生产辅助区、生产区、隔离区和无害化处理区，各区的顺序根据当地全年主导风向和兔场场址地势来

安排。

1. 行政生活区

行政生活区包括行政区和生活区两部分。

行政区俗称管理区，是办公和接待来往人员的地方，其位置应尽可能靠近大门口，以减少对生产区的直接干扰。生活区是管理人员和家属日常生活的地方，应独立设立，包括食堂、宿舍、文娱和运动场所；行政生活区一般在生产区的上风向、偏风向，并且地势较高。

2. 生产辅助区

生产辅助区主要有技术档案室、化验分析室（兽医室）、饲料加工车间、饲料储存库、设备修理车间、变电室（发电室）、水泵房、锅炉房等兔场生产管理必需的附属建筑物，应单独成区，并与生产区隔开。该区不宜距离生产区太远，在地势上应高于生产区，并在其上风向、偏风向。由于饲料加工有粉尘污染，兽医诊断室、病兔隔离室经常接触病原体，因此，该部分辅助区必须设在生产区和生活区的下风向，以保证整个兔场的安全。

3. 生产区

生产区是兔场的主要建筑区，是兔场的核心部分，包括各类兔舍和生产设施，占全场总建筑面积的 70%~80%。

（1）兔舍布局。生产区应对外全封闭，禁止一切外来人员和车辆进入。生产区兔舍可细分为配种舍、妊娠舍、分娩舍、保育舍、生长育肥舍、种公兔舍、后备种（公、母）兔舍。兔舍的排列方向应面对该地区的长年主导风向，与生活区并列排列并处偏下风位置。

种公兔区在种兔区上风向，其中优良种兔舍（即核心群）应置于环境最佳的位置；分娩舍既要靠近妊娠舍，又要接近保育舍；后备种（公、母）兔舍、保育舍、生长育肥舍依次设在下风向、偏风向，并靠近兔场一侧的出口处，以便于转出。生产区入口处以及各兔舍的门口处，应有相应的消毒设施，如车辆消毒池、人员消毒池、喷雾消毒室、紫外灯消毒室等，对进出生产区的人员和车辆进行消毒。

（2）兔舍朝向与间距。兔舍方向要与当地夏季主导风向呈30°~60°，可让每排兔舍在夏季获得最佳通风；朝向一般取南向，即兔舍纵轴与纬度平行，这样可有利于冬季阳光照入、提高舍温，并可防止夏季强烈的光照引起舍温升高；考虑到我国各地地形、通风和其他条件，可根据各地情况向东或向西偏转15°。各兔舍间应保持间距不小于舍高的1.5~2倍，以保证通风和采光，并具备一定的隔离防疫措施。

4. 隔离区

隔离区是引进种兔后进行隔离观察和病兔隔离治疗的区域，尸体解剖室等也在此区域。隔离区位置在整个兔场的下风向。

5. 粪污处理区

此区一般设有焚烧炉、粪尿处理设施等，位置处在下风向。粪尿处理设施应与兔舍保持50m（有围墙时）或100m（无围墙时）的间距。

6. 兔场绿化

兔场绿化既可改善小气候环境、净化空气，也可起到防疫防火的功能。场界周边可种植乔木和灌木混合林带；场区可设隔离林带，以分隔场内各区，道路两旁也要绿化。在靠近建筑物的采光地段，不应种植枝叶过密、过于高大的树种，以免影响兔舍采光。

7. 防疫设施

（1）场界防疫。兔场周围要有树木、沟壑等天然防疫屏障或建设较高的围墙，以防场外人员或动物进入场内。隔离墙要求墙体严实、高度在2.5~3m；也可沿场界周围挖一条深1.7m、宽2m的防疫沟，沟底和两壁硬化并放入水，沟内侧再设置铁丝网。

（2）门口防疫。兔场大门、各区域入口处，特别是生产区入口处以及各兔舍门口，都要设立相应的消毒设施。如车辆消毒池、人员脚踏消毒槽、消毒室等。车辆消毒池要有一定的深度，池的长度应大于轮胎周长的 2 倍。

8. 其他

水源区位置必须远离污水粪便处理区，防止污染；生产区的净道与污道不能重复和交叉。

四、科学设计

1. 形象设计

兔场从建场开始就要从有利于经营的可持续性发展的长远角度来考虑。每建一栋兔舍、每修一条道路、甚至每种一棵树，都要从形象设计、品牌宣传来设计。兔场的办公室与接待室，应安排在最下风处。为使客户参观方便，在接待室附近可单独设 1~2 间参观舍，供外人参观。

兔场的生产区应谢绝一切外人进入，特别是收购兔皮兔毛的商贩，绝对不能让其进入生产区，以防带进病菌。兔场的周围应砌有带有风格和艺术的围墙，既能防止各种动物与外人随便进入，又能给人留下深刻的印象；生产区、生活区与行政管理区应截然分开，尤其是生产区应相对独立。

实践证明，兔场的形象建设与经营好坏也有很大的关系，它从一个侧面反映了一个投资者的经营意识与投资理念。凡是经营好的兔场一般都非常重视形象设计；反之，一个破烂不堪的兔场，也很难与效益好联系起来。

2. 生产区设计

从位置角度说，生产区应安置在兔场的最上风，核心种兔群要放在条件最好、环境最佳的位置；其次是繁殖群、幼兔舍和育成舍。考虑到育成兔要经常销售，因此，育成舍应安排在生产区的出口处。在生产区的下风处还应设有兽医室、隔离室和治疗室，但这些部门均应远离饲料及水源，以免交叉感染。

生活区，包括宿舍、食堂及文化娱乐学习场所严禁与生产区混建，应单独设区；在通往生产区的入口处应设紫外线消毒、更衣室或消毒走廊，并在入口处设消毒池；为防止噪声扰兔和饲料污染，饲料加工间应与生产区保持一定的距离，最好设在生产区的下风处一角，车辆进出也比较方便。

3. 兔舍设计

兔舍应根据各地气候条件的差异和饲养目的的不同进行科学设计。所建兔舍应符合长毛兔的生活习性，要有防暑、防潮、防雨、防寒、防污染及防鼠害等"六防"设施。

(1) 兔舍设计的原则。

① 最大限度地满足长毛兔生物学特性的原则。兔舍设计首先应"以兔为本"，充分考虑长毛兔的生物学特性，尤其是生活习性。长毛兔喜欢干燥，在场址选择时就应考虑；长毛兔怕热耐寒，在确定兔舍朝向、结构及设计通风设施时就要注重防暑；家兔喜啃硬物（啮齿行为），建造兔舍时，在笼门边框、产仔箱边缘等处，凡是能被家兔啃咬到的地方，都要采取必要的加固措施，或选用合适的耐啃咬材料。

② 有利于提高劳动生产效率的原则。兔舍既是长毛兔的生活环境，又是饲养人员日常管理和操作的工作环境。兔舍设计不合理，一方面会加大饲养人员的劳动强度；另一方面也会影响饲养人员的工作情绪，最终会影响劳动生产效率。因此，兔舍设计与建筑要便于饲养人员的日常管理和操作。

③ 满足家兔生产流程需要的原则。长毛兔的生产流程是由其生产特点所决定的，它由许多环节组成，受多种因素影响；生产类型和饲养目的不同，生产流程也有所不同。因此，兔舍设计应满足相应的生产流程需要，而不能违背生产流程进行盲目设

计，要避免生产流程中各环节在设计上的脱节或不协调、不配套。如种兔场以生产种兔为目的，就需要按种兔生产流程设计建造相应的种兔舍、测定兔舍、后备兔舍等；商品兔场则需要设计建造种兔舍、育肥兔舍等。各种类型兔舍、兔笼的结构要合理，数量要配套。

（2）兔舍设计的要求。兔舍的外形与色彩应与兔场的风格相一致，在外形上应体现现代化兔场的整齐、美观的园林化风格。色彩应以洁净、凉爽的浅淡色为主；道路应分别设有净道和污道两种，净道是运送饲料、健兔和工作人员行走的道路，污道应单独设出口与外界沟通，排污道应设在靠近围墙的一侧，距离围墙愈近愈好。

兔舍的长度可根据占地大小灵活设定，但从防疫角度来说，一般以 50m 左右为宜；兔舍方向应朝南或朝东南，室内光线不宜太强，屋顶必须隔热性能良好；兔舍可采用砖砌墙配合水泥地面建造，墙壁应坚固，地面应坚实平整、防潮保温，地基要高出舍外地面 20cm 以上，以防雨水倒灌；兔舍的门既要便于人员行走和车辆通行，又要牢固以防兽害；兔舍窗户与地面的面积比应控制在 1∶8 左右，窗台距离地面高度和舍门宽度均为 1m 左右，便于通风采光，同时，应配有纱窗等设施，以防野兽及猫、狗等的入侵；舍顶可采用双坡式结构，用水泥、瓦片、秸秆等材料建造，并根据当地气候条件选择保温板扣在舍顶；兔舍内还必须有良好的清洗排污和通风系统，这样才能保证兔舍清洁干燥、空气新鲜、冬暖夏凉、安全可靠。

特别需要注意的是，兔场内部应落实分区管理，按照生产区、生活区、隔离区等模块进行区域划分，最大限度降低疾病传播的概率。在大型兔场（特别是集约化兔场）的下风方位或地势较低、远离健康兔群的地方，可设专门的隔离区（包括兽医实验室、病兔隔离室、尸体处理室、堆粪场等）。此外，兔场建设还应考虑生态环境的良性循环，因地制宜、综合利用，以提高综合效益；如可将兔场和鱼塘、温室共建，利用兔粪和剩余草料喂鱼，利用兔产的体热为温室增温，也可将兔粪送入沼气池，既能产生沼气，为兔场供热，又减少粪中细菌、寄生虫对环境的污染。

第二节　兔舍的建筑要求

一、兔舍建筑目的

兔舍建筑是长毛兔生产的前期工作，也是搞好长毛兔生产的重要基础条件；兔舍建筑合理与否，直接影响家兔的健康、生产力的发挥和养兔者的劳动效率。

兔舍建筑的目的，一是从长毛兔的生物学特性出发，满足其对环境的要求，以保证长毛兔的健康生长和繁殖，有效提高其产品的数量和质量；二是从有利于饲养人员日常饲养管理、防疫灭病等方面的操作出发，有效提高劳动生产效率。

兔舍建筑的最终成效主要是通过上述两方面的结合，为提高养兔的经济效益创造必要的基础条件。简单地说，兔舍建筑的目的就是为了促使养兔生产实现高产、优质和高效。

二、兔舍建设标准

1. 兔舍朝向

兔舍的朝向以坐北朝南为宜，具体朝向以利通风又能避暑为要。

2. 兔舍长度、高度和跨度

兔舍长度宜根据地势确定，双坡单列式兔舍屋顶高 4.2m，屋檐高 3.0m，兔舍两面屋檐滴水之边墙内宽 7.6m。兔舍内可安置四列兔笼，两列为一组，组与组之间为宽 1.2m 的舍内走廊，一组中的两列兔笼背靠背排列在兔舍中间，两列兔笼之间为清粪沟，粪沟宽 0.3m，靠近南北墙各一条工作走道，走道宽 1m。兔舍栋与栋之间距离为 8~10m。

3. 墙体处理

内外墙用水泥沙浆抹平，墙高 3m，墙离地 1.2m（下沿）处设窗户，窗户规格为 1.5m×1.5m，可做成玻璃推拉窗，冬季可封死；墙体上设屋架。前墙设 2.1m 高、1.4m 宽的门，冬季设保温门。

4. 兔舍地面处理

兔舍地面高出舍外地平面 20~30cm，用水泥沙浆抹平，排粪沟左浅右深，沿蓄粪池方向成 1% 的坡度，兔尿随排粪沟排到舍外的积粪池或沼气池中。

5. 屋顶处理

兔舍屋顶采用"人"字形钢架结构作为屋梁。兔舍屋顶铺盖蓝色夹心彩钢，泡沫厚度为 3cm 以上，既利炎热夏季防暑降温，又利于冬季保暖。

6. 门、窗处理

兔舍门的大小以方便饲料车和清粪车的进出为宜，一般门高为 2.1m，宽为 1.4m。兔舍窗户的采光面积为地面面积的 15%，阳光的入射角度不低于 25°~30°，窗户高为 1.5m，宽为 1.5m。

7. 排水沟及污水沟处理

兔舍左右屋檐滴水处建排水沟，最浅沟深 20cm，沟宽 30cm，坡度 0.5%，用水泥沙浆抹面；兔舍左右墙角建排污沟，最浅沟深 15cm，沟宽 50cm，坡度 1%，用水泥沙浆抹面，沟面用水泥板盖沟。

8. 兔舍附属硬件设施

（1）配置兽医室和饲料房。

（2）配套建立蓄粪池、沼气池等附属设施，并做好沼气和沼液的综合利用。

（3）配置照明灯、电风扇、自动饮水装置等设施。

（4）兔舍门口需按规定设有消毒池，备有更换鞋。

（5）选择合理的兔粪堆放点。

（6）保温设施、农膜、彩条布齐备。

（7）水井的位置应选在兔舍的上方，或地势较高处，用水泥铺好，并挖好周围的排水沟（用水泥沙浆抹面），使井水不易受到污染。

三、兔舍建筑类型

兔舍是由屋顶、墙壁和地面等围成，供人们在其中从事养兔生产活动的空间。常见的兔舍建造类型，按兔的饲养方式有栅饲、地沟群养和笼养等 3 种；按墙面开放程度有封闭式、半开放式、开放式和棚式等 4 种；按屋顶的形式又分为单坡式、双坡式、平顶式、拱式、钟楼式和半钟楼式。此外，根据兔笼的排列数，又可分为单列式、双列式和多列式等兔舍。

不同类型的兔舍各具优缺点，适用于不同地区和不同家兔类型。

（一）按饲养方式分类

按照兔的饲养方式，常见的兔舍形式有栅饲、地沟群养和笼养等 3 种。

1. 栅饲兔舍

这种兔舍可用空闲的旧房改造，也可专门修建。在兔舍内用 80~90cm 高的竹片、竹条或铁丝网隔成多个分隔的隔栏；隔栏的一端通向室外，面积应根据每组兔的数量而定，一般以每栏可养幼兔 30 只、青年兔 20 只为宜；舍外的场地上也用同样高的竹片、竹条或铁丝网隔开，做成运动场，场内放置食槽、草架和饮水器，舍内地面应铺漏粪板或垫褥草；室外运动场一般铺沙，有条件的地区最好铺漏粪板或用砖砌，以保持兔体清洁和防病。

这种兔舍的优点：饲养量大，节省人工和材料，容易管理，便于清洁，能使兔呼吸到新鲜空气，能够充分运动；缺点：兔舍利用率不高，不利于掌握每只兔的食性与食量，易传染疾病和发生殴斗。

2. 地沟群养兔舍

选择排水良好、地势高燥的地方，挖一个深 1.2m、宽 2m、底宽 0.7m 的长方形沟；沟的前面挖成一个斜坡，便于兔子进出。在沟的上面，用土坯盖成一避水小房，正面留窗，窗下有门，门外设运动场，房后有排水沟。

这种兔舍的优点：造价低、省材料，冬暖夏凉，可满足家兔喜凉怕热和打洞穴居的习性；缺点：不便于管理和打扫，雨季较潮湿。

3. 笼养兔舍

按兔笼的放置地点，又可分室外和室内两种笼养方式。

（1）室外笼养兔舍。室外笼养兔舍，又称为露天兔场，其特点是兔舍就是兔笼。为了适应露天条件，兔笼的基底宜高，笼顶覆盖瓦片；前檐宜长，后檐宜短；用砖砌笼壁，竹片作漏粪笼底，下设水泥制的承粪板；为了防暑，兔笼应建在大树下，或者将上层兔笼顶升高 10cm，再在笼顶上搭凉棚。大型的室外笼养兔场，一般包括围墙、兔笼、贮粪场、笼间通道、饲料间和管理室 6 个部分。

① 围墙：室外笼养兔场周围应用砖砌围墙。墙高 2.5m，主要用于防兽害和盗贼，还可挡风。

② 兔笼：数量根据兔场发展规划而定，可用砖砌或固定式兔笼。

③ 贮粪场：应设在围墙外，利于卫生与积肥。

④ 通道：主通道 2m 左右，笼间通道以能通小车为标准，

1.3~1.5m，以便于饲喂和出粪。

⑤ 饲料间和管理间：位置设在大门附近，面积根据兔场规模大小而定。

（2）室内笼养兔舍。根据兔舍的建筑式样可分为单坡式、双坡式、不等式、平顶式、圆拱式、钟楼式、半钟楼式等；根据通风情况有封闭式、开敞式、半开敞式等。总之，形式可多种多样，各地可根据本地区的气候条件，建筑材料等情况选用。

（二）按墙面开放程度分类

1. 封闭式兔舍

封闭式兔舍又称普通兔舍、密封式兔舍，分为全封闭式兔舍和一般封闭式兔舍两种，是我国多数地区采用的一种类型。封闭式兔舍四面有墙，两个长轴墙面设有窗户；兔舍的顶部形式根据兔舍跨度及当地气候特点而定，有平顶式、单坡式、双坡式、联合式、钟楼式或半钟楼式、拱式或平拱式等（图5-1）。

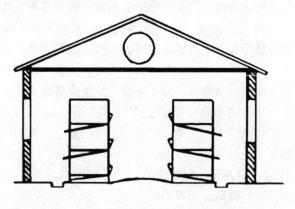

图5-1　普通兔舍

（1）全封闭式兔舍。全封闭式兔舍（无窗兔舍）全靠人工创造舍内小气候，是目前国内最先进的兔舍；但建舍成本昂贵，而且舍内设施技术要求较高，目前国内仅有少量大型养殖场应用。

（2）一般封闭式兔舍。它是一种四周有墙与屋顶相接，舍内通风、换气、光照等完全依赖于门、窗或排风扇、日光灯等简单设备；兔笼、粪尿沟全设在舍内；因舍内兔笼列数不同，又可分为单列式、双列式或多列式封闭兔舍。

优点：舍内小气候环境容易调控，受季节影响不大，可进行全年稳定生产，并有利于家兔饲养管理规程的制定与贯彻，可增强养兔生产的计划性；缺点：笼舍建筑投资较高，舍内空气质量难以保证，密度过大，疾病（尤其是呼吸系统疾病）发病率高，易传播。

封闭式兔舍适用于北方和高寒地区，或用旧房改建的兔舍；对兔子来讲，适用于种兔、幼兔、仔兔和生产兔。

2. 开放式兔舍

开放式兔舍又有开放式兔舍和半开放式兔舍两种。

（1）开放式兔舍。开放式兔舍仅三面有墙与屋顶相接，前面敞开或设钢丝网；房顶可为双坡式，也可为单坡式。优点：通风、采光好，结构较简单、造价较低，管理方便，舍内空气质量好，家兔呼吸道疾病发病率低；缺点：难以控制舍内温、湿度，尤其是冬、春季保温难，也不利于预防兽害。

故最好在开放墙面设置钢丝网，并在冬季增挂草帘或塑料薄膜，以提高防兽害和防寒能力。此类兔舍适用于冬季气温不低于0℃的地区和毛兔、皮兔的生产。

（2）半开放式兔舍。以相面对的两列多层式兔笼的背侧为南、北墙，舍顶为双坡式或钟楼式，以木架支撑；两列兔笼之间为宽1.2~1.5m的通道，东、西两端设门。粪尿沟设于南、北墙外，每个笼位开孔与粪尿沟相通。优点：笼、舍建筑归一，投资省，比开放式兔舍易于调控舍内气候环境，粪尿沟设在舍外，对舍内环境污染显著减少，舍内空气新鲜，有利于减少兔呼吸道疾病；缺点：冬季保暖和防兽害能力不及一般封闭式兔舍。

为此，最好在每个兔笼的排粪孔加设铁丝网；严冬时节，在兔舍南北墙外增设临时性的草棚栏或塑料挂帘，以挡寒风。此类兔舍适用于冬季气温在0℃以上的广大地区，适用于毛、皮、肉用兔种兔和生产兔的生产。

3. 棚式兔舍

这种兔舍四周无墙，只有双坡式屋顶，靠立柱支撑；屋脊高度2.5m左右。优点：造价低，舍内空气质量好；缺点：除可遮阳避雨之外，几乎不能调控舍内小气候和防避有害动物的侵扰和防盗（图5-2）。

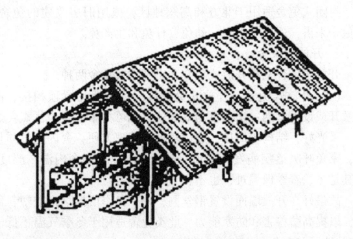

图5-2　棚式兔舍

棚式兔舍内可设1列或双列兔笼，但只宜建造单层或双层兔笼，并要求其封闭性较好，必须设笼门。此类兔舍只适用于冬季无霜冻的温热带地区，投资能力较差的农户。

（三）按屋顶形式分类

兔舍舍顶主要有单坡式、双坡式、联合式、平顶式、钟楼式和半钟楼式、拱式和平拱式等。但不管是何种形式，对兔舍屋顶的总体要求是：防水、保温隔热、承重、不透气、耐久、防腐、耐高温以及结构简单、造价低廉等。因此在舍顶选择上要因地制宜，根据当地自然气候特点和经济承受能力，确定最佳的兔舍舍顶形式（图5-3）。

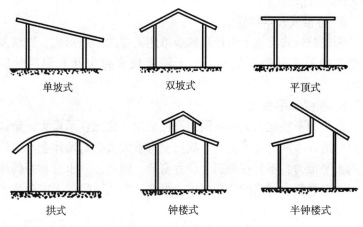

单坡式　　　　　　双坡式　　　　　　平顶式

拱式　　　　　　钟楼式　　　　　　半钟楼式

图5-3　按屋顶形式分类

1. 单坡式

单坡式屋顶只有一个坡向，结构简单，一般跨度小、有利于采光，净高低，适于规模较小的兔场。

2. 双坡式

如通常的民房，有对称的"人"字形屋顶，适合较大跨度的兔舍，有利于保温。双坡式是目前我国采用的主要的兔舍形式。

3. 联合式

联合式屋顶是一种不对称的双坡形式，即屋脊不在兔舍的中轴线上。适于跨度较小的兔舍，尽管采光不如单坡式，但保温性能较强。

4. 平顶式

舍顶呈水平状，无坡度。优点：可充分利用屋顶的平台，但防水问题难以解决，对建筑材料的强度和拉力要求高，适于雨雪不大的地区。

5. 钟楼式和半钟楼式

为在双坡式屋顶上增设双侧或单侧天窗的屋顶形式，以增强兔舍内的采光和通风效果。适于跨度较大兔舍和较温暖地区采用。

6. 拱式和平拱式

拱式和平拱式为大小不同的圆弧形顶。优点：承重大、结构简单，适合不同跨度的兔舍。缺点：自重太大、对墙体会产生较大的水平推力，不易在舍顶上设置窗户。因此，要求有良好的地基，并对材料有严格的选择要求。目前，发达国家的无窗兔舍多采用拱式。

（四）根据兔笼排列数分类

1. 单列式兔舍

单列式兔舍的通风和光照较好，操作方便，舍内环境污染少，能有效地防止风雨袭击和防御兽害，管理方便，但单位造价较高（图5-4）。

2. 双列式兔舍

即沿兔舍纵向布置两列兔笼，笼门有相对和背向两种。兔笼有3层或2层重叠式。面对面的兔笼在兔笼后侧各设一条0.7m宽的粪尿清扫沟，中间设1.2~1.5m宽的走道；背靠背的两列兔笼之间设粪尿沟，两外侧设过道。此种兔舍通风好，光照充足，

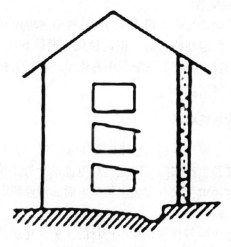

图 5-4　单列式兔舍

夏季凉爽，冬季保暖，单位成本低于单列式，是目前比较理想的一种兔舍，特别适合中、小型兔场和养兔专业户采用（图5-5）。

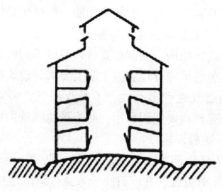

图 5-5　双列式兔舍

3. 多列式兔舍

舍内兔笼的排列有 3 列或 4 列。这种兔舍地面利用率高，兔舍跨度较大，保温性能较好。但此种兔舍通风和透光不够理想，舍内空气污染较重，污浊的空气不易排出，不利于种兔繁殖和疫病防治。

四、兔舍建筑要求

兔舍不同于民用住房，更不同于工业厂房。它既是长毛兔的生活空间，又是生产车间。因此，对兔舍设计与建筑，既有建筑学方面的技术要求，又有家兔生物学方面的专业要求。

（一）基本要求

根据长毛兔的习性与预期生产目的，兔舍建筑的特殊要求主要有以下几条。

1. 符合家兔生活习性

应符合家兔生活习性，有利于提高生长发育及生产性能；有利于饲养管理和粪污处理，提高工作效率；有利于清洁消毒，防止疫病传播；有利于提高生产效率和便于机械化操作。

2. 符合饲养管理和卫生防疫要求

兔舍的形式、结构、内部布置必须适应不同的地理条件，也必须符合长毛兔的饲养管理和卫生防疫要求。建筑材料要导热性小，有良好的透气性和多孔性，不吸收湿气，坚固性好，能耐火，特别是兔笼材料要坚固耐用，防止被兔啃咬损坏。

3. 防寒、防暑设施

建筑上要有能防雨、防潮、防风、防寒、防暑和防兽害（狗、猫、鼠）的设施，并应有防止家兔打洞逃跑的措施。

4. 有利于舍内小气候的调节

（1）温度。长毛兔因汗腺极不发达，且体表又有浓密的被毛，所以对环境温度非常敏感。据试验表明，仔兔的最适温度为

30~35℃、幼兔为 20~25℃、成年兔为 15~20℃。因此，在建舍时应考虑环境温度，兔舍内的笼温一般要求：初生兔为 30~32℃，成年兔为 15~20℃，不宜低于 10℃ 或高于 25℃。

（2）湿度。长毛兔喜干燥环境，最适宜的相对湿度为 60%~65%，一般不应低于 55% 或高于 70%；高温高湿或低温高湿环境，既不利于长毛兔夏季散热，也不利于冬季保温，还容易感染体内外寄生虫等。兔排出的粪尿、呼出的水蒸气、冲洗地面的水分是导致兔舍湿度升高的主要原因。当空气湿度过大时，常会导致笼舍潮湿不堪，有利于细菌、寄生虫繁殖，引起疥癣、湿疹蔓延；反之，如兔舍空气过于干燥、长期湿度过低时，同样可导致被毛粗糙，引起呼吸道黏膜干裂，而招致细菌、病毒感染等。鉴于上述情况，兔舍内应尽量保持湿度稳定，必要时可以加强通风，或撒生石灰、草木灰等降低舍内的湿度。

（3）光照。光照对兔的生理机能有着重要调节作用。适宜的光照有助于增强兔的新陈代谢，增进食欲，促进钙、磷代谢；光照不足，可导致兔的性欲和受胎率下降。此外，光照还具有杀菌、保持兔舍干燥和预防疾病等作用。

生产实践表明，公母兔对光照要求不同。一般而言，繁殖母兔要求长光照，以每天光照 14~16 小时为好，表现为受胎率高、产仔数多，可获得最佳的繁殖效果。种公兔在长光照条件下，则精液品质下降，而以每天光照 10~12 小时效果最好。目前，小型兔场一般采用自然光照，但要避免太阳光的直接照射；大中型兔场，尤其是集约化兔场多采用人工光照或人工补充光照，光源以白炽灯光较好，每平方米地面 3~4W，灯高一般离地面 2~2.5m。

（4）通风。通风与舍内环境密切相关，是调节兔舍温湿度的有效方法，而且还可排出兔舍内的污浊气体、灰尘和过多的水汽，能有效地降低呼吸道疾病的发病率。通风方式一般可分为自然通风和机械通风两种。小型兔场常用自然通风方式，利用门窗的空气对流或屋顶的排气孔和进气孔进行调节；大中型兔场常采用抽气式或送气式的机械通风，这种方式多用于炎热的夏季，是自然通风的辅助形式。

长毛兔排出的粪尿及污染的垫草，在一定温度条件下可分解散发出氨、硫化氢、二氧化碳等有害气体；而兔又是敏感性很强的动物，对有害气体的耐受量比其他动物低，当兔处于高浓度的有害气体环境下，极易引起呼吸道疾病和加剧巴氏杆菌病、流行性感冒等的蔓延。

长毛兔对空气流动十分敏感，故吹向兔子的空气，其速度不应超过 50cm/s；冬季因不需要降温，则可为 20cm/s；从空气的流量说，夏季为 $3\sim4m^3/h$，冬季为 $1\sim2m^3/h$，同时，还应特别注意严防贼风的侵袭。另外，还可通过勤打扫、勤冲洗、加强通风换气来保持兔舍内的空气新鲜，降低兔舍内有害气体的浓度。

（5）噪声。噪声是重要的环境因素之一。据试验表明，突然的噪声可导致妊娠母兔流产、哺乳母兔拒绝哺乳、甚至残食仔兔等严重后果。噪声的来源主要有 3 个方面：一是外界传入的声音；二是舍内机械操作产生的声音；三是兔自身产生的采食、走动和争斗声音。兔如遇突然的噪声就会惊慌失措，乱蹦乱跳，蹬足嘶叫，导致食欲缺乏甚至死亡等。

为了减少噪声，新建兔舍一定要远离高噪声区，如公路、铁路、工矿企业等，尽可能避免外界噪声的干扰；饲养管理操作要轻、稳，尽量保持兔舍的安静。

（6）灰尘。空气中的灰尘主要有风吹起的干燥尘土和饲养管理工作中产生的大量灰尘，如打扫地面、翻动垫草、分发干草和饲料等。灰尘对兔的健康有着直接影响。灰尘降落到兔体体表，可与皮脂腺分泌物、兔毛、皮屑等黏混一起而妨碍皮肤的正常代谢；灰尘吸入体内还可引起呼吸道疾病，如肺炎、支气管炎等；灰尘还可吸附空气中的水汽、有毒气体和有害微生物，产生各种过敏反应，甚至感染多种传染性疾病。

为了减少兔舍空气中的灰尘含量，应注意饲养管理的操作程序，最好改粉料为颗粒饲料，以保证兔舍通风性能良好。

（7）绿化。绿化具有明显的调温调湿、净化空气、防风防沙和美化环境等重要作用，特别是阔叶树，夏天能遮阴、冬天可挡风，具有改善兔舍小气候的重要作用。根据生产实践，绿化工作搞得好的兔场，夏季可降温 3~5℃，相对湿度可提高 20%~30%。种植草地可使空气中的灰尘含量减少 5%左右。因此，兔场四周应尽可能种植防护林带，场内也应大量植树，一切空地均应种植作物、牧草或绿化草地。

5. 墙壁与地板

兔舍地板要求致密、坚实、平整，不硬不滑，能防潮保暖，有一定坡度并高出舍外地面 20~25cm；墙壁要求能保证舍内的温度、湿度和光照，水泥预制板兔笼的内壁、承粪板的承粪面要求表面平滑、易清除污垢与方便消毒等。

6. 舍顶与门窗

舍顶要求完全不透水，有一定坡度。门要结实、保温，门的大小以方便饲料车和清粪车的出入为宜；门窗都要有防兽害的装备。

对兔舍窗户设置的基本原则是：在满足采光要求的前提下，尽量少设窗户，以保证夏季通风和冬季的保温，一般要求兔舍地面与窗户的有效采光面积之比为：种兔舍 10∶1 左右，幼兔舍 15∶1 左右，入射角不小于 25°，透光角不小于 5°。

在总面积相同时，大窗户较小窗户有利于采光；为保证兔舍的采光均匀，窗户应在墙体上等距离分布，窗户间壁的宽度不应超过窗户宽度的 2 倍；立式窗户比卧式（扁平）窗户更有利于采光，但不利于保温。因此，在寒冷地区多采用卧式窗户，而南方地区相反。

7. 排水系统

兔舍内要设置由排水沟、降口、排水管、关闭器及粪水池等组成的排水系统，排水沟要求不透水，表面光滑，有斜度（1%~1.5%），以便在打扫和用水冲刷时能将粪尿顺利排出舍外，通往蓄粪池，也便于尿液随时排出舍外，从而降低舍内湿度和有害气体浓度；降口用作尿液和污水中固体物质沉淀，同时，应在水沟流入降口的入口处设置防堵塞金属滤（隔）网，并在降口上加盖；地下排水管是降口通向粪水池的管道，应呈直线，并有3%~5%的斜度；关闭器是防止分解出来的不良气体由粪水池排入兔舍内；粪水池用于贮集舍内流出的尿液和污水，应设在舍外5m远的地方，池上面除80cm×80cm的池口取尿液用外，其他部分应密封，池口加盖，池的上部应高出地面5~10cm，以防地面水流进池内（图5-6）。

传统粪沟　　　　　　　　　　　刮粪板清粪

图5-6　排水沟

8. 分群

为了方便消毒与防疫，在兔场和兔舍入口处应设置消毒池或消毒盘，并且要方便更换消毒液；同一兔舍以不超过1 000只成年兔为宜，最小单元宜隔成250~300只为1个区。

（二）笼养兔舍要求

笼养是一种较理想的饲养方式，相对于散养、圈养、窖养等其他几种饲养方式，笼养更便于控制家兔的生活环境，便于饲养管理、配种繁殖及疾病防治，也更利于家兔的生长发育和提高毛皮质量，因而是值得推广的一种饲养方式。常见笼养兔舍的形式及建筑要求如下。

1. 室外笼养兔舍

室外笼养兔舍，又称为露天兔场，也就是把兔笼作兔舍，是一种较好的笼养方法。优点：促使家兔有较强的生命力和耐寒性，有利于提高毛皮质量，清扫方便，省工耗，而且兴建时不需要大量资金和建材。

室外笼养兔舍分为单列式和双列式等多种，兔笼一般为3层立体式（图5-7）。

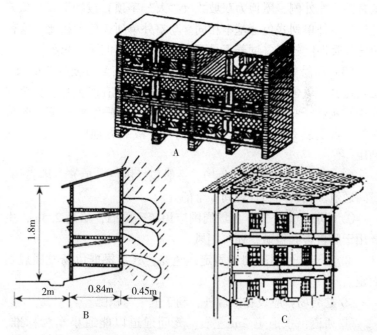

图 5-7 室外兔舍

（1）室外单列式兔舍。这种兔舍实际上既是兔舍又是兔笼，是兔舍与兔笼的直接结合，因此，既要达到兔舍建筑的一般要求，又要符合兔笼的设计需要。其兔笼正面朝南，采用砖混结构，为单坡式屋顶，前高后低，屋檐前长后短，屋顶采用水泥预制板或波形石棉瓦，兔笼后壁用砖砌成，并留有出粪口，承粪板为水泥预制板。为了适应露天条件，兔舍地基宜高些，兔舍前后最好有树木遮阳，或者将上层兔笼顶升高 10cm，再在笼顶上搭凉棚。这种兔舍优点是造价低，通风条件好，光照充足；缺点是不易挡风挡雨，冬季繁殖小兔有困难。

（2）室外双列式兔舍。为两排兔笼面对面而列、两列兔笼的后壁就是兔舍的两面墙体，两列兔笼之间为工作走道，粪沟在兔舍的两面外侧，屋顶为双坡式（"人"字顶）或钟楼式。兔笼结构与室外单列式兔舍基本相同。与室外单列式兔舍相比，这种兔舍保暖性能较好，饲养人员可在室内操作，但缺少光照。

（3）简易兔舍。即利用空地，拿些碎砖盖起方便的 2 层或 3 层式兔舍，兔舍前后有窗户，在两列兔舍之间有产兔室。兔舍内底用石灰沙子抹好，顶用秫秸（防水时改用瓦片）即可。此兔舍的缺点是夏季要防雨、冬季要防寒，故北方地区多为季节性利用。

（4）大型的室外笼养兔场。一般包括围墙、兔笼、堆粪场、笼间通道、饲料间和管理间 6 个部分。

① 围墙：室外笼养兔场周围应用砖砌围墙，墙高 2.5m，主要用于防兽害和盗贼，还可挡风。

② 兔笼：可用砖砌或固定式兔笼，数量根据兔场发展规划而定。

③ 贮粪场：应设在围墙外，利于卫生与积肥。

④ 通道：主通道 2m 左右，笼间通道以能通小车为标准，1.3~1.5m 以便于饲喂和出粪。

⑤ 饲料间和管理间：位置设在大门附近，面积根据兔场规模大小而定。

2. 室内笼养兔舍

室内笼养兔舍即将家兔终年放置在笼内饲养的比较宽大、通风、保温的兔舍。根据兔舍的建筑式样可分为单坡式、双坡式、不等式、平顶式、圆拱式、钟楼式、半钟楼式等；根据通风情况有封闭式、敞开式、半敞开式等。总之，形式可多种多样，各地可根据本地区的气候条件，建筑材料等情况选用（图5-8）。

图5-8　密闭兔舍

在北方，此类兔舍应以土木结构为宜，且稍矮些，砖墙及土墙厚度应较大，屋顶较厚，以利保暖；舍内地面以三合土（石灰、碎石、黏土按1：2：4配合）为好；在南方，此类兔舍以敞开式或半敞开式为宜，砖、瓦结构、高爽宽敞，舍内应多开对流窗或天窗；冬季门窗关闭时，可利用天窗换气，夏季打开窗门，使空气对流；兔笼应顺屋向排列成行，如屋向是坐北朝南，兔笼也就按南北方向排列，使所有兔笼都能通风透光，接受阳光。

（1）室内单列式兔舍。这种兔舍四周有墙，南北墙有采光通风窗，屋顶形式不限（单坡、双坡、平顶、拱形、钟楼、半钟楼均可），兔笼列于兔舍内的北面，笼门朝南，兔笼与南墙之间为工作走道，兔笼与北墙之间为清粪道，南北墙距地面20cm处留对应的通风孔。这种兔舍优点是冬暖夏凉，通风良好，光线充足，缺点是兔舍利用率低。

（2）室内双列式兔舍。这种兔舍分为两种形式：一种是两列兔笼背靠背排列在兔舍中间，两列兔笼之间为清粪沟，靠近南北墙各一条工作走道；另一种是两列兔笼面对面排列在兔舍两侧，两列兔笼之间为工作走道，靠近南北墙各有一条清粪沟。两种兔舍的屋顶均为双坡式、钟楼式或半钟楼式，与室内单列式兔舍一样，南北墙有采光通风窗，接近地面处留有通风孔。这种兔舍的室内温度易于控制，通风透光良好，但朝北的一列兔笼光照、保暖条件较差；而且由于空间利用率高，饲养密度大，因此，在冬季门窗紧闭时有害气体浓度也较大。

（3）室内多列式兔舍。室内多列式兔舍有多种形式，如四列三层式、四列阶梯式、四列单层式、六列单层式、八列单层式等。这些兔舍的屋顶为双坡式，其他结构与室内双列式兔舍大致相同，只是兔舍的跨度加大，一般为8~12m。这类兔舍的最大特点是空间利用率高，缺点是通风条件差，室内有害气体浓度高，湿度比较大，需要采用机械通风换气。

第三节　兔舍常用设备

兔舍常用设备可大致分为兔笼、饲喂设备、饮水设备、产仔箱、喂料车和运输笼6个部分。

一、兔笼设计

兔笼是长毛兔生产中不可缺少的重要设备，设计合理与否，直接影响着长毛兔的健康、兔毛品质和生产效益。

（一）设计原则

根据长毛兔的生物学特性，兔笼应结构合理、质轻材固、耐啃耐腐、洗消快速、维修简便，操作简捷、经济耐用、管理方便，美观高效。大小应以保证长毛兔能在笼内自由活动，便于操作管理为原则。

（二）设计要求

1. 兔笼结构

兔笼由笼体及附属设备组成。笼体由笼门、笼壁、笼底网和承粪板组成。

（1）笼门。笼门是兔笼的关键部件之一，起到防止兔子逃逸作用，其设计制作对提高劳动效率起到很大作用。笼门应安装于笼前，要求启闭方便，能防兽害、防啃咬。可用竹片、打眼铁皮、镀锌冷拔钢丝等制成。笼门多采用转轴式左右开启，一般以右侧安转轴，向右侧开门为宜，也有为轨道式左右或上下开启。笼门的宽度一般30~40cm，高度与笼前高相同或稍低些。材料可用电焊网、细铁棍、竹板或塑料等制作。各间条之间的距离采取上疏下密，以防仔兔从下面的缝隙中逃出。为提高工效，草架、食槽、饮水器等均可挂在笼门上，以增加笼内实用面积，减少开门次数。

（2）笼壁、笼顶。笼壁和笼顶仅起到防逃和隔离作用，网孔间隙可适当大些。笼壁一般用水泥板或砖、石等砌成，也可用竹片或金属网钉成，要求笼壁保持平滑，坚固防啃，以免损伤兔体和钩脱兔毛。如用砖砌或水泥预制件，需预留承粪板和笼底板的搁肩（1.5cm）；如用竹木栅条或金属网条，则以条宽1.5~3.0cm、间距1.5~2.0cm为宜。笼顶及笼壁网眼为2.5cm×3.8cm（18号铁丝）。但是，笼壁的底部同样需要加密处理，除防止仔、幼兔外逃外，生产中还发现相邻笼子间的长毛兔有互相吃毛的现象，因此，侧网间隙不可太大。

（3）承粪板。承粪板的功能是承接家兔排出的粪尿，以防污染下面的家兔及笼具，是层叠式和半阶梯式兔笼的必备部件。通常承粪板选用石棉瓦、油毡纸、水泥板、玻璃钢、石板等材料制作，要求表面平滑，耐腐蚀，质量轻。在多层兔笼中，上层承粪板即为下层的笼顶，为避免上层兔笼的粪尿、冲刷污水溅污下层兔笼，承粪板应向笼体前伸 3~5cm、后延 5~10cm，前后倾斜角度为 10%~15%，以便粪尿经板面自动落入粪沟，并利于清扫。

（4）笼底网。底网是兔笼最关键的部件，要求平而不滑，坚而不硬，易清理，耐腐蚀，能够及时排出粪便。

目前，生产中使用的底网主要有竹板和电焊网两种类型。一般用镀锌冷拔钢丝制成，网眼为 1.9cm×1.9cm（12 号铁丝），成年种兔底网间隙以 1.2cm 为好，幼兔笼底网 1~1.1cm。笼底网宜设计成活动式，以利清洗、消毒或维修；如用竹片钉制，要求竹片平直，条宽 2.5~3.0cm，厚 0.8~1.0cm，在笼内的一面要刮光，安装要均匀，间距 1.0~1.2cm，以粪球能漏下为宜，竹片钉制方向应与笼门垂直，以防打滑而使兔脚形成翻向两侧的划水姿势。

由于长毛兔容易发生脚皮炎，故应选择对兔脚机械摩擦力和机械损伤最小的材料。相对而言，竹板较电焊网好些。但是，竹板条应有一定的厚度，表面刨平，竹间节打掉磨平，板条两侧刮平，将所有毛刺除掉。

为了有效预防种兔脚皮炎，可试用竹木结合网底，即网底的前 2/3 为木板，后 1/3 为竹板。由于木板对兔脚的摩擦力小、基本不发生脚皮炎，而且兔子有定点排便的习惯，使用竹木结合网底的好处是既有效地防止脚皮炎的发生，又可使粪尿从后面有缝的竹板条间隙漏下去，还可使部分掉落在木板上的饲料或饲草被兔子再次采食而减少饲料和饲草的浪费（图 5-9）。

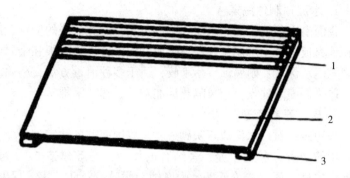

图 5-9 竹木结合底网

1. 竹板 2. 木板 3. 托板

2. 兔笼规格

长毛兔一般采用笼养，种兔单笼分养，幼兔一笼多养。兔笼的规格应按长毛兔的品系类型和性别、年龄而定，标准笼长为种兔体长的 1.5~2.0 倍、笼宽为体长的 1.3~1.5 倍、笼高为体长的 0.8~1.2 倍，一般长毛兔兔笼可按宽 50~60cm、深 50~55cm、高度为前 40cm、后 33cm 为宜；种公兔笼一般为宽 65~70cm、深 55cm、高 45cm；母兔笼一般长 100cm、宽 55cm、高 35cm，可基本满足母兔生产、带仔的需求；商品兔笼宽、深、高建议为 60cm×65cm×35cm；仔兔补饲笼宽 45cm、长 60cm、高 30cm；育肥兔笼可用种兔笼代替，也可用单层"床式"笼实行群养。

3. 笼层高度

笼层高度一般为 2~3 层，上下笼体完全重叠，层间设承粪板，总高度不超过 1.8m；最底层兔笼的离地高度应在 25cm 以上，以利通风、防潮，使底层兔亦有较好的生活环境。

（三）构件材料

各地因生态条件、经济水平、养兔习惯及生产规模的不同，建造兔笼的构件材料亦各不相同。

1. 水泥预制件兔笼

我国南方各地多采用水泥预制件兔笼，这类兔笼的侧壁、后墙和承粪板都采用水泥预制件组装成，配以竹片笼底板和金属或木制笼门。优点：耐腐蚀、耐啃咬，适于多种消毒方法，坚固耐用，造价低廉。缺点：通风隔热性能较差，移动困难。

2. 砖、石制兔笼

采用砖、石、水泥或石灰砌成，是我国南方各地室外养兔普遍采用的一种，起到了笼、舍结合的作用，一般建造 2~3 层。优点：取材方便，造价低廉，耐腐蚀、耐啃咬，防兽害，保温、隔热性较好。缺点：通风性能差，不易彻底消毒。

3. 竹（木）制兔笼

在山区竹木用材较为方便、兔子饲养量较少的情况下，可采用竹木制兔笼。优点：可就地取材，价格低廉，使用方便，移动性强，且有利于通风、防潮、维修，隔热性能较好。缺点：容易腐烂，不耐啃咬，难以彻底消毒，不宜长久使用。

4. 金属网兔笼

一般采用镀锌冷拔钢丝焊接而成，适用于工厂化养兔和种兔生产。优点：通风透光，耐啃咬，易消毒，使用方便。缺点：容易锈蚀，造价较高，如无镀锌层其锈蚀更为严重，且污染兔毛，又易引起脚皮炎，只适宜于室内养兔或比较温暖地区使用。

5. 全塑型兔笼

采用工程塑料零件组装而成，也可一次压模成型。优点：结构合理，拆装方便，便于清洗和消毒，耐腐蚀性能较好，脚皮炎发生率较低。缺点：造价较高，不耐啃咬，塑料容易老化，且只能采用液体消毒，因而使用还不很普遍。

（四）兔笼形式

兔笼形式按状态、层数及排列方式等可分为平列式、层叠式、阶梯式、立柱式和活动式 5 种。目前我国农村养兔以重叠式固定兔笼为主（图 5-10）。

图 5-10　双层种兔笼

1. 平列式兔笼

兔笼均为单层，一般为竹木或镀锌冷拔钢丝制成，又可分单列活动式和双列活动式两种。优点：有利于饲养管理和通风换气，环境舒适，有害气体浓度较低。缺点：饲养密度较低，仅适用于饲养繁殖母兔。

2. 层叠式兔笼

这类兔笼在长毛兔生产中使用广泛，多采用水泥预制件或砖木结构组建而成，一般上下叠放 2~4 层笼体，层间设承粪板。优点：通风采光良好，占地面积小。缺点：清扫粪便困难，有害气体浓度较高。

3. 阶梯式兔笼

这类兔笼一般由镀锌冷拔钢丝焊接而成，在组装排列时，上下层笼体完全错开，不设承粪板，粪尿直接落在粪沟内。优点：饲养密度较大，通风透光良好。缺点：占地面积较大，手工清扫粪便困难，适于机械清粪。

4. 活动式兔笼

一般由竹木或镀锌冷拔钢丝等轻体材料制成，根据构造特点可分为单层活动式、双联单层活动式、单层层叠式、双联层叠式和室外单间移动式等多种。优点：移动方便，构造简单，易保持兔笼清洁和控制疾病等。缺点：饲养规模较小，仅适用于家庭小规模饲养。

5. 立柱式兔笼

这类兔笼由长臂立柱架和兔笼组装而成，一般为3层，所有兔笼都置于双向立柱架的长臂上。优点：同一层兔笼的承粪板全部相连，中间无任何阻隔，便于清扫。缺点：由于饲养密度较大，故有害气体浓度较高。

二、饲喂设备

(一) 食槽

兔用食槽有很多种类型，有简易食槽、也有自动食槽。目前各地使用的食槽多种多样，按照加料方式有简易食槽、转动式食槽、抽屉式食槽和塑料自动食槽等。按照制作材料又有竹制食槽、陶制食槽、水泥食槽、铁皮食槽、塑料食槽之分。配置何种食槽，主要根据兔笼形式而定。

1. 简易食槽

此类食槽制作简单，成本低，适合盛放各种调制类型的饲料，但喂料时的工作量大，饲料容易被污染，也容易造成兔扒料浪费。

2. 塑料自动食槽

塑料自动食槽是选用塑料模型压制，容量较大，具有喂料及储存的功能；一般安置在兔笼前壁上，笼外可以方便加食料，笼内就可方便采食，适合盛放颗粒饲料，而且加一次食料能够供好几天的采食，饲料不容易被污染，浪费也少，方便操作，且喂料省时省力，食槽底端四周还设有小圆孔，可以有效筛除饲料小颗粒，以防止吸入兔子呼吸道。但食槽制作较复杂，成本也比较高，但可以有效节省时间，减轻人员工作量，目前大多用于大型养殖场。

（二）草架

为防止饲草被兔踩踏污染，节省饲草，一般采用草架喂草。

草架的制作比较简单，用木条、竹片钉成"V"字形，木条或竹片之间的间隙为 3~4cm，草架两端底部分别钉上一块横向木块，用以固定草架，以便平稳放置在地面上，供散养兔或圈养兔食草用。笼养兔的草架一般固定在兔笼前门上，亦呈"V"字形，草架内侧间隙为 4cm，外侧为 2cm，可用金属丝、木条和竹片制成。

三、输送设备

输送设备是现代化饲料工业不可缺少的重要机械设备。正确选用输送设备，确保流程畅通，减少损失和粉尘，具有重要的意义。

在饲料加工过程中，从原料的接收到产品的出库，使用了各种型式规格的输送设备。针对每一种用途选择合适的输送机型式与规格要考虑的主要因素有：原料的理化特性、流量、距离或提升高度、污染、效率。

每一种输送设备都有其长处，也有其短处，没有一种设备可以适用于所有用途。目前，在饲料工业用的较普遍的输送设备有胶带输送机、斗式提升机、刮板输送机、螺旋输送机、气力输送设备等。

四、产（巢）箱

产仔箱又称巢箱，是母兔产仔、哺乳的场所，也是 3 周龄前仔兔的主要生活场所。对于一个长毛兔养殖场来说，育仔对于养殖场来说是一项非常烦琐、需要耐心但又非常重要的工作。如果没有选择好育仔设备，会大幅度降低幼崽的成活率。所以，提前在母兔生产前准备好相应的产仔箱，给仔兔一个良好的生存环境非常必要，可有助于母仔的健康发展。但不同规模的养殖场，所选的产仔箱是不同的，需要根据自身条件来给仔兔选择合适的生存环境。

通常在母兔产仔前放入笼内或悬挂在笼门外，一般用木板或金属做成。目前，我国各地兔场的产仔箱多为平放式、悬挂式、月牙状缺口和金属子母笼 4 种。

（一）平放式

平放式巢箱一种是敞开的平口产仔箱，多用 1~1.5cm 厚的木板钉成 40cm×26cm×13cm 的长方形木箱，箱底有粗糙锯纹，并留有间隙或开有小洞，使仔兔不易滑倒和有利于排出尿液；产仔箱上口周围用铁皮或竹片包裹。选择木板的时候要注意箱子的上口必须制作光滑，不能有钉子或容易刺伤母兔的东西存在，这种箱子的制作比较简单，比较适合农户家庭的饲养。

（二）悬挂式

悬挂式产仔箱多采用保温性能好的发泡塑料或轻质金属等材料制作，悬挂于兔笼的笼门上，并在与兔笼接触的一侧留有一个大小适中的方形缺口，方便母仔兔出入、母兔对仔兔的喂养和增加光照；其底部应与笼底板齐平；产仔箱上方加盖一块活动盖板。这类产仔箱具有不占笼内面积、管理方便的特点。

（三）月牙状缺口产仔箱

月牙形缺口产箱可竖立或横倒使用，产仔、哺乳时可横侧向，以增加箱内面积，平时则竖立以防仔兔爬出产仔箱。这种产仔箱选用的材料是木板，木板钉制而成的，这种箱子要比平口的设计高，箱子的一边留有月牙式的缺口，可以方便母兔的出入。

（四）金属子母笼

这种笼具是多年来规模养殖场使用最多的一种，这种笼子可以将母兔和兔仔分别饲养在各自的笼子内，中间选用木质板把产仔箱给隔开，箱子的两边切割一个圆孔，大圆孔和母兔笼子相通，小圆孔与仔兔孔相通，中间放个推拉的门将母仔分开，方便进出，哺乳完立即关好门，这样可以有效地提高仔兔的成活率。

五、饮水器

一般家庭养兔可用陶制食槽、水泥食槽作盛水器，这种饮水器价格低、易于清洗，但容易被兔脚爪或粪尿污染，每天均要加水清洗，比较费时费工。规模化养兔场则大多采用贮水瓶式或乳头式专用饮水器。

（一）贮水瓶式饮水器

贮水瓶式饮水器有两种形式，一种是采用塑料瓶倒挂在兔笼外，瓶盖或瓶塞上接一根通向笼内的弯铜管，管口比管身略小，管口内放一个玻璃圆珠作为活塞用以堵塞管口；兔饮水时只要用舌舔动活塞，活塞缩进，水即从管口流出。另一种是用胶木制成饮水器底盘并固定在笼门上，底盘一端伸在笼内供兔饮水；另一端在笼外，将盛满水的玻璃瓶或塑料瓶倒置在其上，饮水器底盘内的水被饮完后，瓶内的水利用压力自动流出。

这类饮水器最大的优点是独立使用，比较卫生，尤其适合水中给药、防治兔病。

（二）乳头式自动饮水器

1. 工作原理

乳头式自动饮水器采用不锈钢或铜制作，由外壳、伸出体外的阀杆、装在阀杆上的弹簧和阀杆乳胶管等组成，其工作原理和构造与鸡用乳头式自动饮水器大致相同。饮水器与饮水器之间用乳胶管及三通相串联，进水管一端接在水箱，另一端则予以封闭。平时阀杆在弹簧的弹力下与密封圈紧密接触，使水不能流出。当兔子口部触动阀杆时，阀杆回缩并推动弹簧，使阀杆与密封圈产生间隙，水通过间隙流出，兔子便可饮到清洁的水。当兔子停止触动阀杆时，阀杆在弹簧的弹力下恢复原状，水停止外流。

此外，有的乳头式自动饮水器不是靠弹簧推动阀杆密封，而是靠锥形橡胶密封圈与阀座在水压作用下密封。当兔嘴触动阀杆时，阀杆歪斜，橡胶密封圈不能封闭阀座，水从阀座的缝隙中流出。也有用钢球阀来封闭阀座的乳头式饮水器。这是目前国内外最先进的饮水器具，这种饮水器使用时比较卫生，可节省喂水的工时，但也需要定期清洁饮水器乳头，以防结垢而漏水。乳胶管宜选用无毒有色管，以减少管内长苔藓、堵塞和污染水流。

2. 安装和使用注意事项

（1）安装高度。生产中发现，一些兔场乳头式自动饮水器安装高度不够，多数在 8~12cm，一方面，造成成年兔饮水需要低头，不符合长毛兔饮水习惯，也容易造成滴水现象；另一方面，在炎热季节，长毛兔往往将身体靠近乳头，使水流到身上，形成降温的习惯，造成皮肤脱毛或发生皮炎。因此，乳头式自动饮水器的安装高度应为 18~20cm，而不用担心饮水器安装过高造成仔兔喝不到水。因为仔兔非常聪明，而且模仿性很强，当发现其母亲或其他仔兔饮水时，即后肢着地，两前肢扒在后网上学习并很快学会饮水。

（2）安装部位。通常人们将乳头式饮水器安装在笼子的前网或后网上，也有安装在后面的顶网上；如果安装在顶网上时，则一定要靠近后网壁，距离后网壁 3~5cm。

（3）乳头角度。如果安装在顶网上，要求乳头饮水器与地面垂直；如果安装在后网上，则要求乳头饮水器与后网壁有一定角度，一般以85°左右为宜，即让乳头稍向下倾斜；如果与后网壁绝对垂直（呈90°角），水压低时会出现下滴或回滴（沿乳头向后流水）；而如果大于90°，则水将沿饮水器倒流至后网。

（4）水压。乳头式饮水器不可直接接在高压水管上，必须经过一次减压，即将自来水管的水放入兔舍的水箱里，再由水箱引入自动饮水器的输水管中。

（5）勤检查。发现漏水、滴水应及时修理和更换；发现输水管中长了苔藓应及时清洗消毒；发现水箱积垢应及时清除。

六、运输笼

运输笼仅作为种兔或商品兔运输途中使用，一般不配置槽架、食槽、饮水器等，但应有承粪装置，防止途中尿液外溢；笼内可分成若干小格，以分开放兔；要求使用轻型材料，结构紧凑，坚固耐用，装卸方便，透气性好，并规格一致以便重叠放置，适于各种方法消毒。

目前使用的运输笼主要有竹制运输笼、柳条运输笼、金属运输笼、纤维板运输笼和塑料运输箱等。金属运输笼底部有金属承粪托盘，塑料运输箱是用模具一次压制而成的，四周留有透气孔，笼内可放置笼底板，笼底板下面可铺垫锯末屑，以吸尿液。

第六章 长毛兔常见疫病及其防治

兔是啮齿类草食动物，对环境条件、饲养管理水平的要求比较高，加之其抗病力弱、治疗效果较差，兔群中经常发生一兔得病全群得病的现象，即使能够治愈的普通疾病，也会对长毛兔的体质、毛质及产量产生影响，会给兔子的生长发育带来不良后果。因此，在长毛兔养殖中必须坚持"预防为主，防重于治"的方针，制订一套严格的卫生防疫综合措施，做好兔场的卫生防疫工作，确保兔场无重大疫病发生。

第一节 卫生防疫措施

一、科学消毒

建立和完善卫生消毒制度，定期对场区、笼舍、生产用具等进行消毒，切断病原传播。场区每月消毒 1 次，发生疫情或受到疫情威胁时要每天消毒，选用 20%石灰乳或 0.3%~1%菌毒敌溶液。笼（舍）、饲具每周消毒 1 次，选用 2%~4%福尔马林溶液或 3%~5%过氧乙酸溶液熏蒸。消毒之前要清扫干净，有的需清洗干净、晾干，再行消毒。饲具清洗干净后、产箱连同垫草暴晒 2~3 小时也可达到消毒目的。

预防长毛兔毛皮疾病采用喷灯火焰消毒，其他传染病和全进全出空舍的采用熏蒸消毒效果好。饮水消毒，选用 1%盐水或 0.01%高锰酸钾水。消毒药剂还可选用：百毒杀、2%氢氧化钠、

5%来苏儿、2%火碱、0.1%新吉尔灭、农福、生石灰、0.03%~0.15%漂白粉。

二、管理控制

加强饲养管理，提高兔群抗病能力，使兔群不发病或少发病，达到增加经济效益的目的。

1. 进出控制

场区门口设保安室。保安人员职责：对出入人员查询；对出入车辆进行检查和消毒；对场区环境进行巡视，随时应对突发事件，确保生产安全；平时兔场大门要处于关闭状态，禁止外来人员和车辆出入；禁止其他动物进入生产区，特别是猫、狗，防止惊扰兔群和污染饲料。

2. 卫生控制

分别做好生产区、管理生活区和辅助区 3 个区域的环境卫生。正常情况下，场区每周打扫 2~3 次，兔舍每天打扫 1 次，传统养兔的食盆、水盆每天清洗，保持场区和兔舍环境清洁。清理出来的垃圾、兔吃剩的饲料、粪便等废弃物运至场外指定地点进行生物发酵处理。

3. 消毒管理

场区门口设紫外线或药液喷雾消毒室，供人员出入消毒。场区门口设消毒池，便于车辆出入时轮胎消毒，药剂选用 2%~5% 火碱，池内消毒液 3~5 天更换 1 次，车辆出入频繁、遇到雨天时要适当增加更换次数。兔舍门前撒生石灰，便于工作人员鞋底消毒。兔舍内安装电子监控，随时观察兔群动态和人员工作状态。

4. 人员管理

明确饲养员工作区域，不得随意串区串舍，饲养工具不得互换互用或带出生产区；每天下班后，工作服、口罩、鞋、帽、手套等工作用品都要存放紫外线消毒室进行消毒；禁止外来人员出入生产区，特别是一些购种、收兔、兽药、饲料、生产设施等购销人员，一律不能进入生产区；特殊情况下，上级领导检查指导、养兔专家技术服务等经允许，换工作服、穿鞋套、消毒后方可入内。

5. 饲养科学

在变换饲料时应采取逐步过渡的方法，先更换 1/3，间隔2~3 天再更换 1/3，约 1 周全部更换，使兔的采食习惯和消化机能逐渐适应饲料的变换，以免引起兔的食欲减退或消化不良现象。注意观察和检查兔体状况，一旦发现长毛兔患病，特别是兔瘟、巴氏杆菌、皮肤真菌、梅毒等疾病，要立即采取有效措施，调整笼层、隔离治疗、淘汰处理。在养殖模式上实行全进全出、单笼饲养。还要建设种兔展示厅，供参观、购种人员观看选种。家兔发生疾病，很大程度上与饲养管理不当有关系。

三、饲料安全

饲料是长毛兔生产的物质基础，注重饲料安全就是把住"病从口入"这一关。饲料生产车间和饲料库，要通风阴凉、清洁干燥、防水防潮；窗户上网，防飞禽传播病原；墙裙硬化、出入口上挡板，防老鼠污染饲料；禁止其他动物和禽类、特别是猫狗进入。在生产配合饲料之前，对饲料原料要严格筛选，进行自检或委托有资质的单位进行检测，营养成分和卫生指标符合国家标准的方可采用，还要求在感官上无霉变、无杂质。刚加工好的饲料要摊晾降温，以防装袋后霉变。

四、免疫接种

当前，兔病毒性出血症、产气荚膜梭菌病、波氏杆菌病、球虫病等一些严重的传染病仍是长毛兔产业的巨大威胁，免疫接种是预防疫病发生的有效手段，目前常用的疫苗有：兔瘟疫苗、巴氏杆菌病疫苗、波氏杆菌病疫苗、魏氏梭菌和沙门氏杆菌病等疫苗。在仔兔出生后 30 日龄前后进行首次免疫，一般免疫期为 4~6 个月，在长毛兔开始配种前进行二次免疫，以后每年春秋两季或每季预防接种 1 次。免疫前要注意疫苗的品质，必须为正规厂家生产、有生产批号，在保质期内且保存在 2~8℃避光处。注射时，严格消毒注射器具和注射部位，按照规定的免疫剂量进行免疫，疫苗现用现配，拆开的包装避免隔天使用。免疫注射要在兔子状况健康、生产环境良好、避过换毛期的情况下进行，注射两种疫苗要间隔 10 天以上。

五、做好无害化处理

做好无害化处理工作，是预防长毛兔疫病传播和流行、维护兔产品质量安全的关键措施，要严格按照国家和本地区的有关规定，对病死兔进行无害化处理。对零星病死兔，要由执业兽医专门处置，在兽医实验室进行剖检、诊断、装袋，然后进行掩埋、焚烧或集中收集处理；在兔群发病急、死亡快、数量多的情况下，要立即对生产区和工作人员进行封闭，并报告当地畜牧兽医主管部门，不能擅自处理病死兔，以防病原扩散和有危害的兔产品流向市场，还要禁止其他动物和一切人员进入生产区。对病死兔进行掩埋，所选择的地点要求地势高燥、处于场区下风向，要远离饲养场、屠宰场、动物交易市场、生活饮用水源、居民区及公路、铁路、河流等；掩埋坑底撒 2~5cm 生石灰或漂白粉，上层离地面 1.5m 撒生石灰或漂白粉 20~30cm，然后覆土 1.2m 以上。处理完毕，对工作人员所使用的一次性防护用品进行销毁，对循环使用的防护用品和处理现场进行严格消毒。

六、严格兔种更新

提倡自繁自养，不要轻易从外面引种，避免"引种兔带疾病"的情况发生。制订繁育计划，选留优秀母兔充实到后备群中，防止近亲繁殖，只需引进公兔。引种前考察供种企业，要具备《种畜禽生产经营许可证》和《动物防疫条件合格证》；到畜牧兽医主管部门咨询，供种企业及周边区域有无发生过家兔疫情，在确保安全的情况下引种；派饲养人员到供种企业学习，以便适应引进兔种的管理；避开恶劣天气，选择春秋季节；运输工具、饲具等严格消毒。选种过程中，仔细检查兔体状况，鼻、眼、耳、毛被、四肢内侧、肛门周围、生殖器等，最好是请有资质的兽医对兔子进行检疫并开具检疫证明；查阅种兔系谱档案并复印带回，作为选种选配依据；购买适量饲料，供种兔变更饲料使用；签订售后合同，便于技术服务和应对突发事件。引种后，隔离观察30~40天，工作人员要每天24小时值班，以便及时解决兔群所发生的不良状况，如确实健康无病，才可并入原有的兔群；给兔群变更饲料要逐步进行，让兔子有一个适应过程。隔离期结束，对兔子全面检查，确认健康无病再混群饲养。

第二节　疾病检测和投药方法

一、健康兔与病兔的识别

1. 看毛色
健康兔毛的被毛是紧贴和顺；若被毛蓬乱，灰暗无光均为不健康的表现。

2. 看眼神
健康兔是两眼明亮，眼球活泼，结膜红润，眼角洁净；若半开半闭，反应迟钝，眼睛流泪如分泌物过多者均为病态。

3. 看耳色

健康兔是耳色粉红，用手触摸耳根暖，耳端温；过红者为发烧，耳色灰白者为血亏，灰色青紫，耳温过低者病情严重。

4. 看呼吸

健康兔每分钟正常呼吸为 50～60 次，但幼兔比成年兔次数多一些，运动时比休息时多一些，炎热气候呼吸次数会急剧增加；如在正常的环境中，呼吸急促有声音时为有病的表现。

5. 看体温

健康兔的正常体温是 38～39.5℃；在正常环境中，兔体温度或高或低，都是病态的表现。将兔子置于桌面上，用左臂夹住兔体，用左手托起尾巴和屁股固定稳妥后，将消毒好的体温计插入兔子肛门内约 2cm 深，经过 3 分钟后即可看度数。

6. 看脉搏

健康兔的正常脉搏是每分钟 80～100 次，幼兔 100～160 次，可按其左腋下摸数心跳。

7. 看粪形

健康兔粪成球形，约大豆粒大小，有的呈椭圆形，内有纤维，表面光滑圆整而有弹性；若发现粒小坚硬，细长带实或两头尖一呈链珠软粪大而软，稀粪不成球，都是不健康或是消化不良的表现。若湿烂成堆，味臭而有黏液或血液，或稀如水样，均是胃肠炎的表现。

8. 看食欲

健康兔在喂料时，表现为急于求食，主动靠近，吃食快，食量大；若在喂食时，呆蹲一角，背向草架，不理不睬，则是消化机能减弱，已经有病的表现。

9. 看膘情

健康兔应是背肉圆厚，腿肉丰满，整个躯体绵实，肌肤富有弹性；若背骨突出，前后身缺肉，体重失常者，很有可能患寄生虫或其他慢性病。

10. 看排尿与饮水

健康幼兔的尿液，为无色透明状态，亦无沉淀物。而成年兔的尿液，多数呈稻草色和红棕色，呈碱性反应，一般健康兔饮水量少，而在病态中虽食欲减退或废绝，但饮水量却增加。

11. 看表皮

健康兔表皮光润多，被毛密集；若关节、鼻端、耳根有脱毛和黏结，也有糠纹样的皮屑者，是患有疥癣病的表现。

二、疫病流行时采取的措施

1. 封锁隔离

首先要对兔群进行详细的检查，如有症状显著的病兔和疑似的病兔，分别组成病兔群，实行隔离饲养，进行观察、诊断、推疗。对病兔用过的兔笼食盆等一切用具，均应立即进行消毒，饲养人员在检查病兔之后，双手也要马上消毒。在检疫期间，对病兔的病源，尽力做到精确判断，实行封锁。在传染源未弄清楚之前，禁止一切物料和外来人员的互通。

2. 彻底消毒

消毒是预防、控制和消灭传染病的有效措施之一，不同的传染病应该采用不同的药剂和消毒方法。竹木制的笼架，一般可用2%的烧碱水烫洗兔舍和砖砌的叠笼；可用20%的新鲜生石灰液刷白地面；如混凝土结构的可用5%～10%的漂白粉液或用0.5%过氧乙酸液，进行喷洒在笼底前后，严密消毒。没有混凝土地面的兔舍，应铲去2～3cm的表土，用0.5%的过氧乙酸液或20%生石灰水，喷洒在地面上后，再覆盖一层干净的新土。对其生产用具，可浸泡在漂白粉水中10～15分钟；饲养员衣服可放在0.5%的过氧乙酸水里洗涤；手术器械可以放在5%的来苏儿水溶液喷雾消毒或高温煮沸消毒。兔子的粪便，可用发酵消毒法，即积聚一堆，使其生热发酵，杀灭病菌。传染病兔的粪便均应深埋。

三、投药方法

1. 内服

此种方法简便，适用于多种药物，尤其是消化道用药。

（1）拌料或加入饮水中自由采食。此法广泛应用于群养兔的预防或治疗给药；药物毒性小，无不良气味，适口性好；按用药剂量标准，均匀地拌入粉状饲料中或加入饮水中让兔自由采食。对毒性较大的药物，在大批给药前做好小量试验，以保证安全。

（2）灌服。当病兔已拒绝采食或药物有异味时采用灌服法。一般对青年兔以上的大兔，片剂药可直接将药片塞入兔舌根处让其吞下；对仔、幼兔或液体类药，则宜用注射器将药液从兔嘴角处慢慢推入，灌药时宜将兔仰卧，并将头、劲抓紧固牢，避免误将药液注入喉气管中。

2. 注射投药

此法用药量准确，兔吸收快，药效反应快。

（1）肌内注射。选择肌肉丰满的大腿内侧无血管处，用75%酒精棉球消毒后，迅速将针头垂直或稍斜刺入肌肉内约1cm深，抽动注射器芯，无回血时即可注入药液。常用7~9号针头。

（2）皮下注射。选择腹中线两侧或腹股沟附近皮肤较松弛的部位，如耳根后部，后腿股内侧，剪毛用75%酒精棉球消毒后，挑起皮肤平着将针头刺入皮下约1.5cm（切忌把针头插入肌肉内），推注药液，见有小泡鼓起，无药液外溢证明注射成功，抽针时最好用棉球按压针孔片刻。注意刺入时，针头不能垂直刺入，以防刺入腹腔。常用7~12号针头。

（3）静脉注射。注射部位在兔耳廓外缘的耳静脉处。注射前须请助手（或用保定器）保定好兔子，并帮助压住兔耳根部静脉使其血管怒张，术者迅速用酒精消毒耳部后，从靠近耳尖部将注射针头向耳根方向与静脉呈 15°角刺入静脉内约 1.5cm，回抽见血表示刺入血管内，放松压住耳根部的手，将药液徐徐注入。如见皮下鼓包或血液渗出，说明针头未在静脉管内，须立即调整针头部位找静脉注入。结束注射抽针时一定要用棉球压迫针孔片刻以防出血。注射时严防将气泡注入，药液温度以 38~39℃为宜，注射速度不能过快，注意兔子的反应，如躁动不安，应暂停注射。常用 7~9 号针头。

（4）腹腔注射。当静脉注射无法实施时可采用腹腔注射。请助手将病兔倒提，并握住兔两前肢，勿使兔挣扎，用酒精消毒兔大腿根与腹部间的鼠蹊部，注射器针头呈 45°角向下方斜刺入腹腔内约 2cm，感到针头下空荡时缓慢注入药液，拔出针头后用棉球压针孔。常用 7~9 号针头。选择家兔颈侧或大腿外侧肌肉丰满、无大血管和神经之处，经局部剪毛消毒后，左手紧按注射部位，右手持注射器，中指压住针头，针垂直刺入，深度视局部肌肉厚度而定，但针头不宜全部刺入，轻轻回抽注射栓，如无回血现象，可将药物全部注入。如 1 次量超过 10mL，需分点注射。

（5）注意事项。

① 注射器和针头要合适，注射药液量大要用大注射器，注射少量药液者用小注射器，注射水剂用小针头，注射油乳剂用粗针头。

② 注射前，注射器和针头都要高温灭菌（一般煮沸消毒），将活塞、注射筒和针头全部拆开，用纱布包好，放在消毒锅内煮沸 15 分钟后，才能使用。

③ 除少量的水剂药液外，油乳剂在使用之前要连瓶浸在热水中，使瓶内的油剂溶化，然后用力摇匀，方可吸液注射。

④ 装置注射器与针头时，要把注射器的口端偏于下方，这

样才便于掌握剂量，同时，针头的斜口亦须朝上。

　　⑤ 吸收药液后，将针头向下并在针头处粘上酒精棉花球，使用时把注射筒内的小气泡慢慢排出，否则，空气注射到静脉内，会使病兔死亡，如果开始注射后发现有气泡，应停止注射。

　　⑥ 注射时，用的药棉酒精等消毒药，事先均应准备好。

　　⑦ 注射时，应把兔子固定好，注射部位剪去被毛，并用酒精药棉涂擦消毒后，方可注射。

四、常用药物的使用原则

　　兔子疾病以预防为主，应严格按《中华人民共和国动物防疫法》的规定防止兔发病死亡，必要时进行预防、治疗。诊疗疾病所用的兽药必须符合《中华人民共和国兽药典》《中华人民共和国兽药规范》《兽药质量标准》《兽用生物制品质量标准》《进口兽药质量标准》和《饲料药物添加剂使用规范》的相关规定。所有兽药必须来自具有《兽药生产许可证》和产品批准文号的生产企业，或者具有《进口兽药许可证》的供应商。所用兽药的标签应符合《兽药管理条例》的规定。使用兽药时，还应遵循以下原则。

　　(1) 允许使用消毒防腐剂对饲养环境、厩舍和器具进行消毒，但应符合《无公害食品　肉兔饲养管理准则》的规定。

　　(2) 优先使用疫苗预防动物疾病，但应使用符合"兽用生物制品质量标准"要求的疫苗对兔进行免疫接种，同时，应符合《无公害食品　肉兔饲养兽医防疫准则》的规定。

　　(3) 允许使用《中华人民共和国兽药典》二部及《中华人民共和国兽药规范》二部收载的用于肉兔的兽药用中药材、中药成方制剂。

　　(4) 允许在临床兽医的指导下使用钙、磷、硒、钾等补充药、微生态制剂、酸碱平衡药、体液补充药、电解质补充药、营养药、血容量补充药、抗贫血药、维生素类药、吸附药、泻药、润滑剂、酸化剂、局部止血药、收敛药和助消化药。

（5）慎重使用经农业农村部批准的拟肾上腺素药、平喘药、抗（拟）胆碱药、肾上腺皮质激素类药和解热镇痛药。

（6）禁止使用麻醉药、镇痛药、镇静药、中枢兴奋药、化学保定药及骨骼肌松弛药。

（7）抗菌药和抗寄生虫药应凭兽医处方购买。还应注意：严格遵守规定的用法与用量，休药期应遵守规定的时间。

（8）建立并保存免疫程序记录；建立并保存全部用药的记录，治疗用药记录包括肉兔编号、发病时间及症状、治疗用药物名称（商品名及有效成分）、给药途径、给药剂量、疗程、治疗时间等；预防或促生长混饲给药记录包括药品名称（商品名及有效成分）、给药剂量、疗程等。

（9）禁止使用未经国家畜牧兽医行政管理部门批准的用基因工程方法生产的兽药。

（10）禁止使用未经农业农村部批准或已经淘汰的兽药。抗生素磺胺类药物和呋喃西林是治疗多种细菌性疾病的有效药物。但在使用过程中必须掌握正确的用法，才能发挥药效。由于应用范围广，有的饲养人员错误认为这些药为万能药而滥用。这样不但浪费药物，而且还收不到应有的药效。为此必须对症下药，才能获得满意的疗效。

抗生素适用于葡萄球菌多出败病、肺炎、乳腺炎、脓肿等。在使用抗生素药物上，应看被感染的形式部位以及病情轻重而决定，注射剂量须充足。长毛兔对青霉素的使用剂量，一般每千克体重2万~4万单位，对严重病例，可酌量增加，青霉素药效时间短，应连续注射，一般每隔4个小时注射1次，以肌内注射为好，处在病状消失之后，仍需继续治疗数次，以防复发。青霉素治疗局部肿胀，应提高注射剂量，但注射次数可酌减，一般每日

1 次，严重病例可与磺胺剂共同使用，以便提高疗效。

磺胺药可以治疗传染性口腔炎、葡萄球菌病、副伤寒、肺炎、支气管败血病、痢疾、腹泻以及传染性胃肠炎等。使用磺胺药时应注意的是可通过呼吸道吸入给药，准确诊断和早期服药。在服药期间忌喂高蛋白饲料，首次用药时，剂量要充足，以免细菌产生耐药性。一般常用剂量，成兔第一次为 0.3 ~ 0.5 克，每隔 4 小时 1 次，每天服 3 次，幼兔剂量可酌减，待病状基本消失后，仍应用小剂量继续服用 2 ~ 3 天，但总的用药期不宜超过 7 天。

呋喃西林药可以外用，也可以内服，根据需要使用粉剂，含药敷料，油膏类水溶液等剂型因其毒性极为轻微，没有副作用，如外用时间较长，可能局部产生过敏性反应，发生一般的皮疹，但对黏膜或皮肤均无刺激性。兔子常用内服剂量是 0.01 ~ 0.02g，一般一日 2 次，外用可采用 0.02% 的水溶液和 1100 的散剂或 0.2% 的油膏，连续用药期最好不超过 5 天。

第三节 常见疫病的防治方法

一、兔病毒性出血症

该病又称兔病毒性败血症或兔出血性肺炎，俗称兔瘟，是由病毒引起的一种急性败血性传染病，呈毁灭性流行，发病急，发病率低，可达 70% ~ 100%，死亡率可达 90% ~ 100%。

1. 症状

本病潜伏期为数小时至 3 天，根据发病情况可分为最急性、急性和慢性 3 种。

最急性：多见于流行初期，病兔未出现任何症状而突然死亡，或仅在前数分钟内突然尖叫、冲跳、倒地与抽搐，部分病兔从鼻孔流出泡沫状血液。

急性：较最急性发病较缓，病兔出现体温升高，精神委顿，食欲减退或废绝，呼吸急促等症状。

慢性：多发生在 1~2 月龄的幼兔，出现轻度的体温升高，精神不良，食欲减退，消瘦及轻度神经症状。病程多发在 2 日左右，2 日以上不死者可逐渐恢复。

2. 诊断

发病急、发病率高，死亡快，青年兔和成年兔子多为急性死亡，幼兔多为慢性，哺乳仔兔一般不发病或很少发病。

3. 防治

本病目前没有特效治疗药物，主要是预防本病的发生，做好日常卫生防疫工作，严禁从疫区引进病兔及被传染的饲料和兔产品，对新引种兔做好隔离观察。定期接种灭活兔瘟疫苗是预防本病发生的有效措施，6 月龄以上成兔颈部皮下注射 1~2mL，幼兔 1mL，新断乳幼兔初免在 35 日龄前后接种为好，60 日龄加强免疫 1 次。一般接种后 5~7 天产生免疫力。成兔每 4~6 个月免疫 1 次。

一旦发生本病流行，应尽早封锁兔场，隔离病兔，死兔应深埋或烧毁，兔舍、用具彻底消毒，必要时对未传染兔进行紧急预防接种。

二、魏氏梭菌病

本病又称产气荚膜杆菌病。魏氏梭菌性肠炎主要由 A 型和 E 型菌及产生的 α 毒素所致。它广泛存在于土壤、饲料、蔬菜、污水、粪便中。本病的发生无明显季节性，除哺乳仔兔外，各种年龄、品种、性别的兔子均有易感性。传染途径主要是消化道或伤口，粪便污染的病原在传播方面起主要作用。本病的主要传染原是病兔和带菌兔及排泄物。病原菌自消化道或伤口侵入机体，在小肠和盲肠绒毛膜上大量繁殖并产生强烈的 α 毒素，改变毛细血管的通透性，使毒素大量进入血液，引起全身性毒血症。

1. 症状

本病的特殊症状是急剧腹泻。患病兔最初的粪便变形、变软，很快转为带血的胶冻样、黑色或褐色稀粪，有恶臭腥味，肛门周围、后肢及尾部被稀粪污染；被毛粗乱，精神不振，拒食，脱水，无体温变化，最后消瘦死亡。

2. 诊断

该病临床症状以下痢为主要特征。取病死兔的空肠、回肠、盲肠内容物、肠黏膜及心血、肝脏病变组织涂片，做革兰氏染色、镜检，见革兰氏阳性、菌端钝圆的大肠杆菌，不见芽孢。将肠内容物接种于鲜血琼脂培养基，37℃厌氧培养 24 小时，可见有双溶血环的圆形菌落，直径 1.5~3mm，呈浅灰色。取培养菌株做生化反应，该菌分解葡萄糖、乳糖、麦芽糖、蔗糖和果糖，产酸产气，不发酵甘露醇。

3. 防治措施

正确的饲养可减少本病的发生；采用较低能量、较高纤维素的日粮可明显减少腹泻死亡率。一旦发现病兔或可疑为病兔，应立即隔离或淘汰。预防方法可用魏氏梭菌氢氧化铝灭活菌苗，每只兔皮下注射 2mL，7 天后开始产生免疫力，免疫期 4~6 个月。本病的治疗，可内服土霉素、四环素，均有一定的疗效。另外，用高免血清治疗本病效果也较好。其方法是发现患病兔泻痢后，视病兔大小，每只皮下注射高免血清 5~10mL，每天 1 次，连用 2~3 天即可康复。

三、传染性鼻炎

本病是由多种病原微生物引起的。目前证实的病原菌主要有：巴氏杆菌、波氏杆菌、葡萄球菌、变形杆菌、绿脓杆菌等。

常见的是巴氏杆菌和波氏杆菌感染。其他病原菌多为兔的常在菌，在表面上健康兔的上呼吸道也很常见。通风不良的密闭式兔舍是本病发生的主要诱因。

1. 症状

依病状可分为最急性、急性、亚急性和慢性病。

最急性：健康兔感染病毒后 10~20 小时即突然死亡，死亡不表现任何病状，只是在笼内乱跳几下，即刻倒地死亡。此类多发生在流行初期。

急性：健康兔感染病毒后 24~40 小时，体温升高至 41℃ 左右，精神沉郁，不愿动，想喝水。临死前突然兴奋，在笼内狂奔，然后四肢伏地，后肢支起，全身颤抖倒向一侧，四肢乱划或惨叫几声而死。有的死兔鼻腔流出泡沫样血液，此类多发生在流行中期。以上两类情况绝大多数发生于青年兔和成年兔。临死前，肛门松弛，肛门周围兔毛被少量黄色黏液沾污，粪球外附裹有淡黄色胶样分泌物。

亚急性：一般发生在流行后期，多发生 3 月龄以内的幼兔，兔体严重消瘦，被毛无光泽，病程 2~3 天，大部分预后不良。

慢性型：近两年来发现有的病兔精神沉郁，前肢向两侧伸展，头低下触地，四肢趴开，不吃不喝，有的能拖 5~6 天，最后衰竭而死。出现此型原因有待进一步研究。

2. 诊断

本病是一种全身性疾病，所以，病死兔的胸腺、肺、肝、脾、肾等各脏器在组织学有明显变性、坏死和血管内血栓形成等特征。胸腺：胶样水肿，并有少数针头大至粟粒大的出血点。肺：全肺有出血点，从针帽大至绿豆大以至弥漫性出血不等。肝：肿大，质脆，切而粗糙并有出血点。胆囊：肿大，有的充满褐绿色浓稠胆汁，胆囊黏膜脱落。肾：肿大，呈紫褐色，并见大小不等的出血点，质脆，切口外翻，切面多汁。脾：肿大，边缘钝圆，颜色黑紫色，呈高度充血、出血，质地脆弱，切口外翻，胶样水肿，切面脾小体结构模糊。肠系膜淋巴结：胶样水肿，切面有出血点。膀胱：积尿，内充满黄褐色尿液，有些病例尿中混有絮状蛋白质凝块，黏膜增厚，有皱褶。神经系统：硬脑膜充血，有的病例有小点出血。

3. 防治措施

首先要改善环境条件。兔场应选在通风良好、干燥的地方建造。舍内兔笼以单列式或双列式为好，一般以 3 层为宜。对于密闭兔舍，更应考虑设置通风换气的设施，在保证室温不剧烈降低的情况下，定时进行机械强制通风。同时，应及时清除舍内的粪尿和兔毛，减少有害气体的产生及漂浮性异物。在鼻炎高发季节应加强舍内消毒，以降低空气中病原菌的密度和尘埃的数量，进而降低发病率。

其次要把好引种关。引种时不要在明显有鼻炎的兔场引种，引来的新种兔应隔离检疫 1 个月，合格的作为种兔并入大群，不合格的坚决淘汰。对于已发病兔场，在改善环境条件的情况下，少数病兔发现后应及时隔离治疗或淘汰，以免扩大传播。对于鼻炎较严重的或久治不愈的病兔，应坚决淘汰。

最后药物治疗及预防。对于发病较多且又不可能全部淘汰的病兔，应给予适当的治疗。我们在山东省荷泽市成武县畜牧局獭兔场的临床实践显示，对于病情严重的兔子，使用恩诺沙星滴鼻后，同时用庆大霉素肌内注射效果较好，多数病兔能恢复健康。对于全群治疗采用恩诺沙星饮水的方法，任其自由饮用、采食，连用 7 天，结合通风、消毒，改善环境条件，一般 7 天左右群体的打喷嚏症状有所减轻甚至消失。对于巴氏杆菌发病严重的兔场，建议每年 2~3 次免疫瘟巴二联灭活疫苗，控制效果极佳。

四、传染性口腔炎

该病俗称流涎病，是由传染性口炎病毒引起的兔急性传染病。以口腔黏膜水泡性炎症，并伴发大量流涎为特征。由于本病有较高的发病率和死亡率，故对养兔业构成严重的威胁。仅兔有易感性，多见于1~3月龄仔兔，而成兔较少发生。多经过消化道感染，常发于春秋两季。饲养不当，喂给霉烂饲料、饲草损伤口腔等均可成为诱发因素。

1. 症状

根据流涎和口腔炎症等临床表现，一般即可做出本病的初诊。病初兔口腔黏膜呈现潮红、充血，随后在唇、舌和口腔黏膜上出现一层白色的小结节和小水泡，不久破溃，形成烂斑和溃疡，同时，有大量恶臭液体流出；口腔黏膜损害严重时，病兔体温可升至40~41℃，常并发消化不良，食欲减少或废绝，多有腹泻，日渐消瘦、衰弱，多经5~10日死亡。

2. 诊断

病兔尸体消瘦，舌、唇和口腔黏膜发炎，形成糜烂和溃疡，唾液腺肿大发红，胃内常积聚大量黏稠液体，肠黏膜常有卡他性炎症，依据上述进行综合分析可确诊。本病应与真菌污染的饲料、化学刺激剂和有毒植物等所致的口炎相区别。

3. 防治措施

在春秋两季，要喂新鲜饲料，饲料、饲草不要带刺，不要太坚硬，要柔软。多以对症疗法为主。将磺胺嘧啶（SD）或磺胺二甲基嘧啶（SM2）0.2g、病毒灵0.2g，维生素 B_1 和维生素 B_2 各5mg，加水适量，滴入口内，每日2次。一旦发病，应立即隔离，给予柔软饲草，并对笼舍、用具等严格消毒。

五、兔密螺旋体病

该病又称兔梅毒病，是兔的一种慢性传染病，也称性螺旋病、螺旋体病。该病以外生殖器、颜面、肛门等皮肤及黏膜发生炎症、结节和溃疡，患部淋巴结发炎为特征。主要存在于病兔的外生殖器官及其他病灶中，目前尚不能用人工培养基培养。螺旋体的致病力不强，一般只引起肉兔的局部病变而不累及全身。抵抗力也不强，有效的消毒药为1%来苏儿、2%氢氧化钠溶液、2%甲醛溶液。主要传染途径是通过交配经生殖道传染，也可通过病兔用过的笼舍、垫草、饲料、用具等由损伤的皮肤传染。

1. 症状

本病潜伏期2周，病初可见外生殖器和肛门周围发红、水肿，阴茎水肿，龟头肿大，阴门水肿，肿胀部位流出黏液性或脓性分泌物，常伴有粟子大小的结节；结节破溃后形成溃疡；由于局部不断有渗出物和出血，在溃疡面上形成棕红色痂皮；因局部疼痒，故兔多以爪擦搔或舔咬患部而引起感染，使感染扩散到颜面、下颌、鼻部等处，但不引起内脏变化，一般无全身症状；有时腹股沟淋巴结肿大。患兔失去交配欲，受胎率低，发生流产、死胎。

2. 诊断

病兔多为成年家兔，母兔受胎率低。临床检查无全身症状，仅在生殖器官等处有病变。有条件的兔场可做显微镜涂片检查兔密螺旋体。

3. 防治

引入肉兔应做好生殖器官检查，种兔交配前也要认真进行健康检查。发病兔场应停止配种，病重者淘汰，可疑兔隔离饲养，污染的笼舍、用具用苛性钠或1%的来苏儿溶液彻底消毒。

初期可肌内注射青霉素，成年兔2万单位3只，每天5次，连用 3 天。新肿凡钠明，每千克体重 232mg，用注射用水或生理盐水配成溶液，耳静脉注射，隔 2 周重复 1 次。注意现配现用，否则，分解有毒。同时，应用青霉素，效果更好。患部用硼酸水或高锰酸钾溶液或肥皂水洗涤后，再涂擦青霉素软膏或碘甘油；或者涂青霉素花生油（食用花生油 22mL 加青霉素钠 33 万单位拌匀即可），每天 1 次，20 天可痊愈。芫荽 2g，枸杞根 3g，洗净切碎，加水煎 10 分钟，再加少许明矾洗患处，每天 1 次，12 天好转。

六、仔兔黄尿病

该病又名仔兔黄尿病和仔兔急性肠炎，由金黄色葡萄球菌所致，主要是仔兔哺吮患乳腺炎母兔的乳汁而致病。

1. 症状

仔兔出生后 3~7 天是发病高峰期，发病较急，个别仔兔发病或者全窝发病，病兔肛门周围被毛被黄色稀便污染，腥臭难闻，病兔昏睡，多数腹部膨胀，身体衰弱，2~3 天死亡，死亡率很高。

2. 防治

（1）兔舍降温。夏季要做好兔舍的降温工作，有条件的最好把温度控制在 25℃ 以内，不但对减少仔兔黄尿病的发生大有好处，还会避免高温给兔子带来的其他一系列负面影响。没有条件的，兔舍最高温度最好不要超过 30℃。把兔舍建成可封闭式兔舍，安装风机水帘或者水空调等，是目前兔舍的主要降温措施。

（2）药物预防。母兔产后用肠道克星连喂 7 天。

（3）垫草处理。垫草要经过阳光暴晒处理，可以在母兔产后往垫草上撒一定的药物进行预防。例如，在真菌粉中按一定比例加入庆大霉素、新霉素等原粉，在仔兔出生后 10 天内撒几次，对预防真菌病和仔兔黄尿病同时有效。每天检查产箱和垫草，及时发现并更换掉被兔子弄脏弄湿的垫草，尤其是在产后10天时，应该集中把产箱中的垫草进行一次彻底更换。

（4）夏季更要避免后备母兔配种过早。

（5）黄尿病的治疗意义不大。

七、球虫病

兔球虫分为肝球虫和肠道球虫两种。

肝球虫病的致病因只有一种，为兔艾美球虫。主要感染症状为生长迟缓，但是此病致死率极低。肠道球虫种类较多，寄生位置也各不相同。大部分肠道球虫致病率低，肠道球虫主要影响作用于幼兔，对于成兔影响较弱。传播途径为兔子的食粪行为。常见感染源为被污染的草地和蔬菜，被污染的干草和兔用品。

1. 症状

暴发性的拉稀，并且大便中伴有黏液和血（若无血则可能为黏液性胃炎），大便恶臭，兔子无力较软。

2. 防治

球虫卵可以在室外存活一年以上。因此，饲养兔子时，必须注意环境卫生以及饮食安全。不轻易放兔子到室外活动，远离花园草地等地，尽量选择阳光充足并不太炎热的空地活动（紫外线可以杀死一定的球虫卵囊）。要注意的是，大部分消毒剂对于球虫无效，除了专业生产针对球虫的药剂，例如，OO-Cide。

养殖场有时会使用添加"抗球虫药添加于饲料进行预防，例如，兔球速杀、氯苯胍或盐霉素。需要注意的是，一是此种饲料必须由有专业许可证的商家生产；二是ACS饲料有毒并不适用于豚鼠等动物；三是抗球虫药，并无法完全杀死球虫，预防效果很好；四是氯苯胍、盐霉素等抗球虫药有可能使部分球虫产生耐药性。

球虫病的防治，要以改善饲养管理为主，药物防治为辅，兔舍要建筑在地势高燥、排水良好、防涝防湿的地方，经常保持干燥，饲料饲草和饮水要防止粪的污染并注意饲喂全价饲料，增强幼兔抗病力。药物方面，目前还无特效药治疗，但有些药品可抑制它的繁殖，有一定的效果；内服磺胺双甲基嘧啶，按1%的比例混合在精料里饲喂兔球灵1小包（10g）掺入10kg精料里，充分拌匀，按兔群每天常规量饲喂（吃完再拌），连喂21天为一个疗程。氯苯胍，每千克体重5mg，每天1次，连服2个月。园内服呋喃西林，每千克体重0.01g，连服5天，在饲料中常拌些切细的葱、韭菜、大蒜等饲喂。

八、疥癣病

兔疥癣病，又称螨病，是由痒螨或疥螨寄生于兔体表引起的侵袭性皮肤病。引起兔疥癣的病原常见的有两种，为兔痒螨和兔疥螨。痒螨和疥螨的发育过程都在兔体上完成，分卵、幼虫、若虫、成虫4个阶段。其中，病兔是主要传染源，螨虫在外界生存能力较强。本病俗称癞子病，是兔疥螨和痒螨寄生于兔体表引起的一种接触性、慢性、外寄生虫性皮肤病，传播迅速。主要侵害兔，也传染给人，该病接触性传染很强。

1. 症状

兔痒螨：主要发生于外耳道，引起外耳道炎，渗出物干燥后形成黄色痂皮，塞满耳道如卷纸样。病兔耳朵下垂，不断摇头和用脚搔抓耳朵。严重时蔓延至筛骨及脑部，引起神经症状而死亡。

兔疥螨：一般先由嘴、鼻孔周围和脚爪部发病，患部奇痒，病兔不停用脚爪搔抓嘴、鼻等处或用嘴啃咬脚部，严重时可出现用前后脚抓地现象。病变部结成灰白色的痂，使患部变硬，造成采食困难。并可向鼻梁、眼圈等处蔓延，严重者形成"石灰头"。足部则产生灰白色痂块，并向周围蔓延，呈现"石灰足"。病兔迅速消瘦，常衰弱死亡。

2. 诊断

以瘙痒、脱毛、溃疡为主要特征的疾病，病兔多为病变已蔓延至整个耳部，皮肤表面有多量的分泌物并干涸成痂，两耳下垂，常有甩头症状。在病兔患部与健康皮肤交界处，剪毛（大约2cm），利用手术刀片背面刮取皮肤组织，至皮肤轻微出血，将刮取的皮屑置显微镜下镜检，发现有螨虫的病原即确诊。

3. 防治

首先将病兔从群中挑出，患部用碘甘油涂抹，隔离饲养。对病兔用伊维菌素0.4mL/kg体重皮下注射给药，1周后重复1次。同时，利用复合酚溶液对整个饲养环境进行消毒，并保证饲养环境的干燥。治疗期间，注意对病兔的观察，发现给药后两三天，治疗兔表现出瘙痒加剧，之后瘙痒逐渐减弱，到第二周已无明显甩头、啃咬足部等症状。

兔疥螨是一种顽固性的体外寄生虫，传染性极强，一旦感染，在一个兔场内很难短时间内彻底消除。因此，必须贯彻"防重于治"的方针，搞好兔舍环境卫生，加强定期消毒，尤其推行火焰喷灯杀灭虫卵。一旦发生，应及时隔离并采取综合措施。

伊维菌素注射液在皮下注射治疗兔疥螨毒副作用小、使用方便，能同时驱除体内外寄生虫。通过药物治疗3周后，病变组织转变为完全健康的组织，兔疥癣病能得到控制。

第七章　兔毛的基本知识

一、兔毛的特性

兔毛是家兔毛和野兔毛的统称。纺织用的兔毛产自安哥拉兔和家兔，其中，以安哥拉兔毛的质量为最好，很柔软。

兔毛由角蛋白组成，由鳞片层、皮质层和髓质层三层组成。最外面的一层称作鳞片层，这一层是由角质细胞组成，像鱼鳞一样紧密排列，表面光滑又有反光，因此，兔毛的光泽度较低；中间的一层称作皮质层，由纺锤状的角质细胞组成，这一层是决定兔毛品质的主要部分。最里面的一层称髓质层，这一层是由充满了空气的多孔的干枯细胞所组成。因为兔毛髓质层的纤维气孔中含有大量的空气，十分蓬松，多绝缘性大，所以，保暖性能比羊毛好。

绒毛和粗毛都有髓质层，绒毛的毛髓呈单列断续状或狭块状，粗毛的毛髓较宽，呈多列块状，含有空气。纤维细长，颜色洁白，光泽好，柔软蓬松，保暖性强，但纤维卷曲少，表面光滑，纤维之间抱合性能差，强度较低，对酸、碱的反应与羊毛大致相同。

兔毛抗酸性强于羊毛，低温弱酸、低温强酸甚至煮沸的稀酸对兔毛均无损害，故兔毛染色要采用酸性染料。与此相反，兔毛纤维的抗碱能力极弱，碱对兔毛有极大破坏性，在加热条件下更明显，碱可使兔毛变黄、发脆、变硬、光泽暗淡、毛质粗糙，甚至完全失去加工利用价值。

二、兔毛的分类

1. 按其形态和功能

兔毛分为枪毛、绒毛和触毛

2. 按其细度

兔毛可分为粗毛、细毛和两性毛。

细毛又称绒毛，柔软而且密，又称绒毛，是长毛兔被毛中最柔软纤细的毛纤维，呈波浪形弯曲，长 5～12cm，细度为 12～15μm，占被毛总量的 85%～90%。兔毛纤维的质量，在很大程度上取决于细毛纤维的数量和质量，在毛纺工业中价值很高。

粗毛，又称枪毛或针毛，是兔毛中纤维最长、最粗的一种，直、硬，光滑，无弯曲，长度 10～17cm，细度 35～120μm，一般仅占被毛总量的 5%～10%，少数可达 15% 以上。是兔毛纤维中最长最粗的一种毛，纤维粗、硬、直而且光滑。粗毛一般占被毛总量的 10% 以下，粗毛耐磨性强，具有保护绒毛、防止结毡的作用。

两性毛，是指单根毛纤维上有两种纤维类型。纤维的上半段平直无卷曲，髓质层发达，具有粗毛特征，纤维的下半段则较细，有不规则的卷曲，只有单排髓细胞组成，具有细毛特征。在被毛中含量较少，一般仅占 1%～5%。两性毛因粗细交接处直径相差很大，极易断裂，毛纺价值较低。

三、兔毛的品质及等级规格

为了提高兔毛的质量，国家规定了收购的等级标准，凡符合国家收购规格的兔毛称为等级毛，等级毛的要求是"长、白、松、净"，要求兔毛无毡块、无缠结、无虫蚀、无杂质。长：指毛丛的自然长度，兔毛纤维越长，其价值越高；松：指兔毛的自然松散度，松软而不乱，无缠结；白：指兔毛的颜色及色泽，最佳色泽为洁白光亮的洁白色，对灰黄和尿黄毛都要降级；净：是指兔毛含杂质及水的程度。

1. 兔毛的等级

凡不符合以上规定的都是次毛，凡属等级毛，再根据品质优劣分以下4级。

特级毛：为纯白全松毛，长度5.7cm以上，含粗毛不超过10%。

一级毛：为纯白全松毛，长度4.7cm以上，含粗毛不超过10%。

二级毛：为纯白全松毛，长度3.7cm以上，含粗毛不超过20%，略带缠结毛，但能撕开，而不损害毛品质。

三级毛：为纯白全松毛，长度2.5cm以上，含粗毛不超过20%，可带缠结毛，但能撕开，而又不损害毛的品质。

凡不属上述标准为等外毛。

2. 兔毛的保管

采毛之后最好及时或在短时间内出售。如要存放时，应放在通风处，不可直接存放在地上，要注意防潮，尤其在南方更应注意。存放时，严禁压放重物，否则，易缠结成团。如存放时间较长，应用纸包些樟脑块放入，以防虫蛀及兔毛发黄变脆。若大规模存放时，应设置温度低、湿度小、温度及湿度恒定、通风良好的专用保存库。兔毛分为等内和等外两类，等内毛又分为4个等级。

四、提高兔毛品质应注意的事项

（1）要提倡笼养毛兔（一只一笼），这样可以保证兔毛洁白，不受外表杂物污染，也有利于毛兔健康成长。兔笼要经常打扫消毒，保持清洁卫生，要防止草屑、烂泥等杂物污染兔毛。要保持兔笼干燥，在冲洗喂水时不要将水粘到兔子身上，以防兔毛结块。

（2）要经常梳理，防止兔毛结块，一般在 10～15 天梳 1 次。在梳理时要从头到脚、从上到下、通身梳遍。如发现结块，应用手指轻轻拉开，但要防止拉断兔毛。如果缠结块已经拉不开，就应果断剪掉，以防毡块继续扩大。

（3）要按照规定的时间采毛。一般约 80 天剪 1 次，多以增加特级或一级毛的产量。夏季可以适当缩短一些剪毛时间，有利于幼兔和青年兔的生长发育。

（4）要处处严防草屑、杂质混入兔毛中影响质量，减少经济收入。母兔临产前，可用旧布和旧棉花做两块棉垫放在产仔箱内，这样就可以避免棉花混入兔毛中。

（5）要分级采毛、分级存放。剪下来的兔毛要放在干净的布袋或纸箱内，存放在干燥、通风、阴凉处做好防霉、防虫、防热工作。兔毛不能重压，保持良好的蓬松状态，也不能经常翻动，以免黏结。在捆扎布袋或纸箱时不要用草绳，以免草屑串入兔毛中。等到兔毛集中到一定数量的时候，就要送到收购站以免因保管不善而降低品质。

五、兔毛的残次毛类型

（1）缠结毛。兔在活动中经常摩擦，或因发育不良，使毛缠结一起。按缠结的程度分为 3 种，缠结程度严重，已形成毡块的，称为结块毛；虽已缠结成块，但较松软，稍用力即能撕开的称为缠结毛；已有缠结，但未成块的称为松结毛。

（2）剪刀口毛。剪刀口毛也称重剪毛或回剪毛，是由于技术不熟练，剪毛后见毛茬过高，又重剪一次剪下的兔毛，这种毛极短。

（3）皮块毛。皮块毛是指根部带有皮块或皮屑的兔毛。皮块毛不适于纺织，收购时应剔除。

（4）虫蛀毛。因保管不善，被蛀虫咬断的兔毛。

（5）霉烂毛。在储存中受热受潮后，发霉变质，失去拉力的兔毛。

（6）汤退毛。汤退毛是指宰兔后用沸水浸泡退下来的毛，这种毛的根部带有皮屑，毛质受损，只能加工低档纺织品。

（7）灰退毛。在硝制兔皮时，用石灰退下的毛，这种毛的纤维受到严重损伤，不适于纺织。

（8）化碱毛。化碱毛是指用硫化碱从兔皮上退下来的毛，这种毛因受严重损伤不适于纺织。

参考文献

陈宗刚，马永昌，2014. 长毛兔高效益养殖与繁育技术
　［M］. 北京：科学技术文献出版社.

韩博，2001. 长毛兔饲养与疾病防治［M］. 北京：中国农业
　出版社.

李沁，任家玲，2017. 种兔场卫生防疫措施［J］. 中国养兔
　（6）：42-43.

刘炳仁，于瑞兰，等，2003. 彩色长毛兔养殖新技术［M］.
　北京：科学技术文献出版社.

吕见涛，2018. 长毛兔养殖技术［M］. 北京：中国农业科学
　技术出版社.

魏刚才，范国英，2011. 长毛兔高效养殖技术一本通［M］.
　北京：化学工业出版社.

赵亚丽，2019. 规模化肉兔养殖技术及其防疫措施［J］. 中
　国养兔（6）：40-41.